九秩桑榆 勤奋再究

铸成此书 奉献同行

任元会

二〇二三年仲春

低压配电设计解惑

$$I_d = \frac{U_{nom}}{R_B + R_A + R_{ph}}$$

Puzzles and Answers of Low-voltage Systems

任元会◎编著

中国电力出版社
CHINA ELECTRIC POWER PRESS

内 容 提 要

自 2020 年 10 月《低压配电设计解析》正式出版以来，受到广大电气设计师的好评，掀起了技术交流的热潮。在与同行技术交流中，作者又梳理出来涉及面广、存在争议又必须明确要求和做法的六大专题，这些专题在《低压配电设计解析》中有的没有涉及、有的涉及不深。为解决广大读者设计遇到的问题，作者又在 90 岁高龄精心编写了《低压配电设计解惑》一书。

本书分为 6 章，分别为远距离低压配电线路设计、低压配电系统接地、母线槽配电的故障防护、母线槽配电的短路电流计算、电子式和电磁式 RCD 的选型和应用、树干式系统分干线的导体截面积选择。为节省设计师资料搜集的时间和便于使用，本书特提供部分企业母线槽相保阻抗值、母线槽阻抗值、断路器的允通能量（I^2t）值共 3 个附录。

本书可供从事低压配电设计的专业技术人员使用，也可供大专院校相关专业师生、电气安装施工人员、工厂和公共建筑及房地产公司物业管理运行维护人员、低压电器生产企业相关人员使用和参考。

图书在版编目（CIP）数据

低压配电设计解惑 / 任元会编著. —北京：中国电力出版社，2023.3
ISBN 978-7-5198-7115-4

Ⅰ. ①低⋯　Ⅱ. ①任⋯　Ⅲ. ①中压电力系统–配电系统–设计②低压–电力系统–配电系统–设计　Ⅳ. ①TM72

中国版本图书馆 CIP 数据核字（2022）第 183969 号

出版发行：中国电力出版社
地　　址：北京市东城区北京站西街 19 号（邮政编码 100005）
网　　址：http://www.cepp.sgcc.com.cn
责任编辑：翟巧珍（806636769@qq.com）胡　帅（010-63412821）
责任校对：黄　蓓　常燕昆
装帧设计：张俊霞
责任印制：石　雷

印　　刷：北京华联印刷有限公司
版　　次：2023 年 3 月第一版
印　　次：2023 年 3 月北京第一次印刷
开　　本：710 毫米×1000 毫米　16 开本
印　　张：8.5
字　　数：137 千字
印　　数：0001—5000 册
定　　价：88.00 元

前言

《低压配电设计解析》出版发行后，受到全国众多电气设计师及相关从业人员的欢迎和赞誉，这里仅列几位读者的感言：GB 50054《低压配电设计规范》主要编写者刘叶语：“该书简明、实用、指导性强，大大提高了设计效率，是设计师的‘良师益友’！”GB 50054 主要编写者王健华：“该书给出的表格很方便、实用。”谢炜：“该书有助于年轻设计师成长，有助于提高电气设计水平。”王娇艳：“这本书基本概念清晰、特点鲜明，编制了大量表格，大大节省了计算时间；书中流露出一位‘80 后’长者对年轻设计师关爱之心，体现了作者长期的设计经历和研究成果。”

有的设计师对这本书也提出了一些可贵的意见和建议，如悉地国际董青提出：“母线槽规格用额定电流表示，不同于电缆规格为截面积，因此，同一额定电流各企业的母排尺寸不同，其阻抗值也不同，不宜用统一的参数计算故障电流和短路电流。”听后本人很受启迪。

为什么还要编著《低压配电设计解惑》这本书呢?《低压配电设计解析》问世一年多，同行朋友提出的诸多问题中，有些是《低压配电设计解析》一书中没有涉及或者涉及不深的内容，还有个别不妥之处，我抱着对设计师的一种责任，认为有必要给予回答，这就是编著这本书的目的。

本书共分 6 章，较系统地回答了提出的和待解决的 6 个课题：

第 1 章回答和论证了远距离、小负荷用户的送电方案，研究了故障防护、短路保护、允许电压降等技术条件，编制了按“负荷矩”或“电流矩（A · km）”选择线路截面积的表格。

第 2 章希望澄清和理顺低压系统的接地和连接要求，统一到 IEC 标准和国家标准，力图改变一些不当做法。

第 3、4 章是接受董青总工的意见，对采用母线槽的配电系统，按各企业产品（已收集到常用的 4 家企业 5 个型号）的阻抗参数分别编制故障防护和短路保护的系列计算表，应用时更符合产品实际。

第 5 章是回答电子式和电磁式剩余电流动作保护电器（RCD）的选型依据，分析电子式 RCD 可靠动作的条件，通过故障时残压计算，对合理选择电子式 RCD 提供了科学的解决方案。

第 6 章是给出了树干式配电系统分干线截面积选择方法，研究了满足各种故障保护要求的条件，编制成可直接应用的表格。

本书秉承《低压配电设计解析》的宗旨，在回答问题中，研究并提供科学、实用的方法和表格，以达到“提高设计水平、加快出图速度”的目的。

在本书编写过程中，任毅、谭泽钧参与了大量辅助工作，保证了交稿时间。

感谢中国航空规划设计研究总院领导和电气前辈几十年的培育和教导，创造了良好的成长环境。

感谢《低压配电设计规范》主要编写者丁杰和刘叶语两位研究员为本书审稿，提出了一些宝贵的意见。

感谢国际铜业协会（中国）和电气工程师合作组（EEO）的领导、专家李荆、张伟、郑珊珊、雷杰欣等提供的支持与帮助。

感谢上海电器科学研究院尹天文、季慧玉、黄兢业、李人杰、易颖等知名专家在低压电器领域提供的指导、支持和帮助。

感谢建筑电气界众多知名专家卞铠生、谢哲明、李炳华、逯霞、董青、谢炜、焦建雷等的指导、支持和帮助。

特别鸣谢珠海光乐电力母线槽有限公司郑光乐，常熟开关制造有限公司朱文晓、万喜峰、田宁，以及上海正尔智能科技股份有限公司金勇华、杨宝等对本书编著工作的积极支持与帮助。

感谢万可电子（天津）有限公司汪芳，ABB（中国）有限公司王少辉、朴京华、张斌，上海良信电器股份有限公司孙妍，施耐德电气（中国）有限公司杨海龙、黄剑远、张东煜，西门子（中国）有限公司何友林、张成责，罗格朗低压电器（无锡）有限公司刘洋的支持和协助。

本人已逾九十高龄，仍怀赤诚之心，抱着对电气同行弟妹们的责任感，不畏劳顿，力克艰难，经一年多精心研究，进行了大量计算，编著了本书，给朋友们真诚奉献最后一份薄礼。

愿继续和朋友们交流、研讨，回答大家的咨询和提问。本书如有不妥或错误之处，欢迎批评指正。

2022 年 8 月

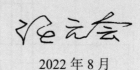

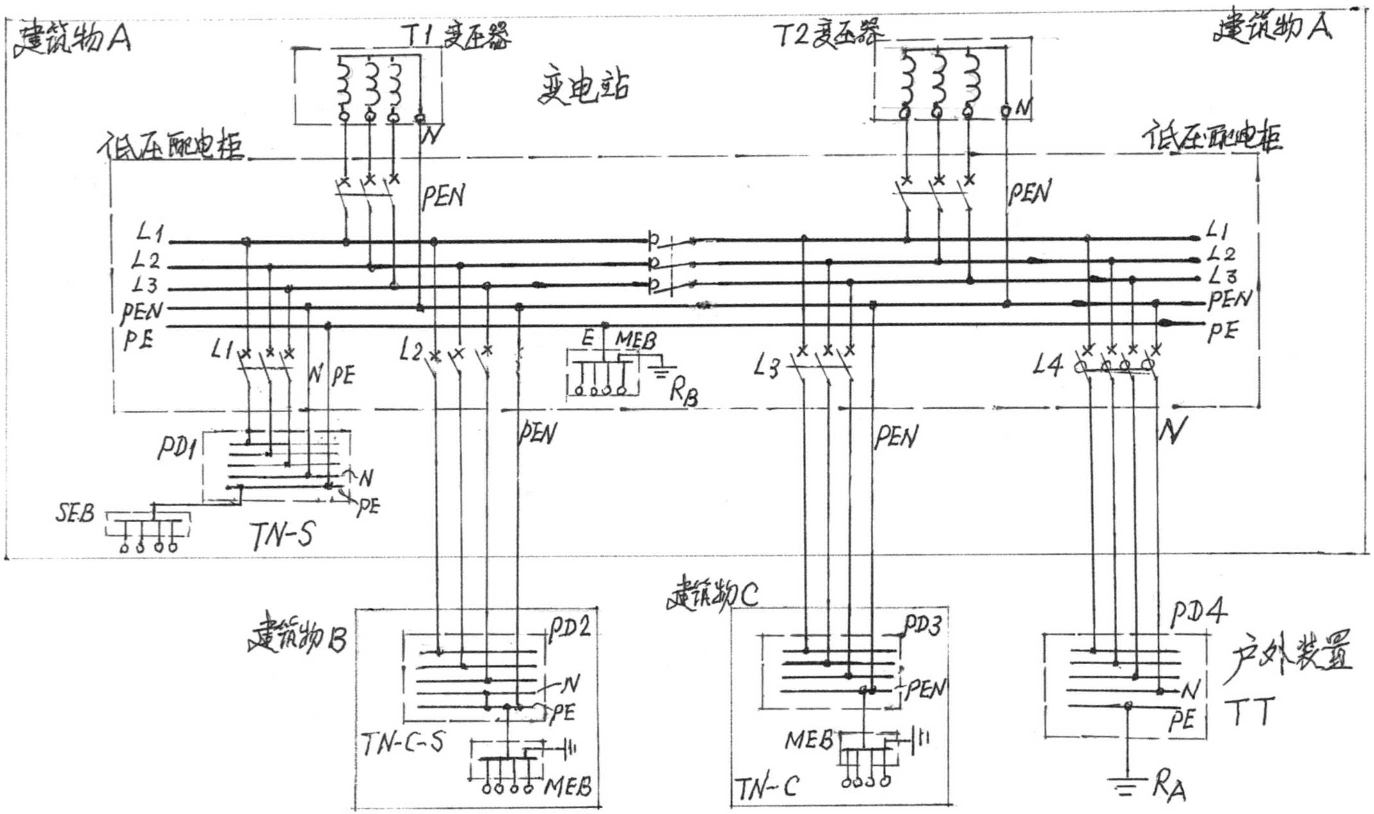

图 2.2-1　两台变压器的"一点接地"及引出馈线接地型式

▲ 任元会手写原稿节选。

目录

1 远距离低压配电线路设计

1.1 问题的提出

（1）关于远距离、较小负荷的供电，曾有多名电气设计师提出问题，具体如下：

1）某建筑物计算功率 200kW，距离变电站 420m（电缆线路长度，下同），该如何供电？是否可用低压（220/380V）？

2）某泵房计算功率 100kW，距变电站 750m，如何供电？

3）某库房计算功率 20kW，距变电站 1100m，如何供电？

（2）某设计师提出供电距离超过 250m 用低压配电不符合规定，甚至说无法通过施工图审查，就通不过!

（3）简单地按 250m 确定采用低压或高压供电，是不妥当的，不应把设计方案这个与多种因素相关的技术经济问题，归结为单一的“供电距离”来定夺，应该进行技术经济比较确定。

1.2 远距离、小负荷的供电电压

1.2.1 供电距离超过 250m 时采用高压供电的来源和分析

（1）250m 的来源可能是引自 2003 年的《全国民用建筑工程设计技术措施》（简称《技术措施》），该文件 2.3.1 条第 3 款有这样一段：“当供电距离大于 250m，计算负荷大于 100kVA 者，宜采用高压供电。”显然，以这么一个具体的数字来确定采用低压或高压供电，是不妥当的，容易误导一部分执行者；但这并非标准、规范，也不是规定，而仅仅是一份“技术措施”。有的设计者，甚至是审图者误解了《技术措施》的本意，当作一个规定执行，是不妥当的。

（2）该《技术措施》关于远距离、小负荷的配电电压的完整描述是正确的：《技术措施》的 2.3.1 条第 2 款：“用户供电电压，应根据其计算容量、供电距离、用电设备特性、供电回路数量、远景规划及当地公共电网的现状和发展规划等技术经济因素综合考虑确定”。

这是一段很确切、妥当的导引。有时，常把某一个具体数字摘出，甚至按此执行，有“断章取义”之嫌。

（3）2009 年的《全国民用建筑工程设计技术措施　电气》已经对此作了修改，删去了“供电距离大于 250m”的文字，足见以 250m 划界是不妥当的。

1.2.2 远距离、小负荷供电电压的选择

（1）进行技术经济比较确定：一般说，采用高压（如 10kV）供电，要计算变压器、高压和低压配电装置的费用；采用低压（220/380V）供电，则需要增加因电缆截面积加大而增加的费用，并应解决线路故障防护、过电流保护和线路电压降等技术要求。

（2）应考虑小负荷所在地附近增加用电需求的可能性及用电需求量，是决定采用高压供电的重要因素之一。

（3）应综合考虑需求负荷量（计算有功功率）和线路长度两个因素，即以

负荷矩（计算有功功率乘以线路长度）来衡量采用低压或高压供电；同时应计及功率因数、计算电流，以及过负荷保护、短路保护的要求和经济电流密度等多重因素决定。

（4）选择高效、低损耗的节能变压器（适用所有场合），最好能达到 GB 20052—2020《电力变压器能效限定值及能效等级》规定的 1 级能效（至少 2 级能效），如上海正尔智能科技股份有限公司的 SJCB 18/10（20）kV－NX1 型配 ZR-TMonitor 智能监控装置的高效低损耗干式变压器。

1.3 远距离低压配电存在的问题

经常会出现用电负荷不大，距变电站比较远的小型建筑、泵房、油井或其他户外装置，采用高压（如 10kV）供电不合理，需要用低压（220/380V）供电，但低压供电将存在以下四个方面的技术问题：

（1）线路末端的接地故障电流很小，馈线首端的保护电器（断路器或熔断器）很难满足在规定时间内自动切断电源的规定。

（2）相间短路和相导体对 N 导体间的短路电流很小（发生在近末端时），难以保证保护电器自动切断短路电流，从而难以满足短路保护的规定。

（3）线路电压降大，不易满足用电设备（含照明灯）端电压要求。

（4）线路电能损耗加大。

以上（1）、（2）项涉及用电安全，必须有相应措施以符合国家标准规定的要求；第（3）项关系用电设备的电压质量和经济合理性；第（4）项则关系到节能和经济合理性。

1.4 远距离低压配电的解决方案

对于远距离、小负荷的配电，必须从技术合理和可行的视角予以解决，使采用低压配电成为可能。

1.4.1 故障防护

（1）采用 TN 接地系统：远距离配电线路末端发生接地故障时，其故障电流很小，首端采用断路器或熔断器通常不能满足在规定时间内自动切断电源的规定；最简单而有效的办法就是采用带剩余电流动作保护器（RCD）的断路器，即使超千米的距离也能保证动作灵敏度。

（2）采用 TT 接地系统：TT 系统的故障电流大小几乎和线路长度没有关系，更适用于远距离配电方式；其故障电流更小，采用 RCD 作故障防护完全能满足现行规范要求。

1.4.2 短路保护

（1）当远距离配电线路末端发生短路，特别是相导体与 N 导体间的短路时，其短路电流很小，难以使首端断路器的瞬时过电流脱扣器动作。

（2）短路（包括相对 N 导体间）保护的动作时间：

1）有设计师问：接地故障情况下自动切断电源的时间有明确规定，如 TN 系统，对地标称电压为 220V 时，不超过 5s 或 0.4s（见 GB/T 16895.21—2020《低压电气装置　第 4－41 部分：安全防护　电击防护》411.3.2 条），短路情况下是否应执行这个规定？

答案：否。这是两种不同的概念：接地故障的切断电源时间最大允许值是防电击所要求的；而短路情况下，对于电缆和绝缘导体，则要求短路电流导致的导体绝缘温度在上升到不超过其允许限值（见 GB/T 16895.5—2012《低压电气装置　第 4－43 部分：安全防护　过电流保护》表 43A 或 GB 50054—2011《低压配电设计规范》表 A.0.7）的时间内切断该短路电流。

2）短路时切断时间的规定：GB/T 16895.5—2012 的式（3）作了明确规定，对于持续时间不超过 5s 的短路，可按下式计算

$$t=\frac{(KS)^2}{I^2} \tag{1.4-1}$$

式中　t——短路持续时间，s；

S——绝缘导体截面积，mm^2；

I——短路电流交流均方根值，A；

K ——和导体材料的电阻率、温度系数、热容量以及相应的初始温度和最终温度有关的系数，其值见 GB/T 16895.5—2012 中表 43A。

注　式（1.4－1）中的“＝”号应为“≤”，按照 GB 50054—2011 中式（3.2.14）的表示。

3）短路时切断时间的分析：

a．按式（1.4－1）规定的 t，取决于 I、S 和 K 值。

b．远距离配电线路，末端（受电处进线端）短路电流很小，即便是导体截面积足够大，其切断时间 t 也很长，可以为几秒、几十秒乃至几十分钟。

（3）保护电器的切断：短路电流很小，不足以使断路器的瞬时脱扣器动作，但可以由过载脱扣器（反时限过电流脱扣器）切断，切断时间可能超过 5s 或更长；这对接地故障是不可以的，但短路则可以。这是因为：很小的短路电流可以用断路器的过载脱扣器切断，还有另外一项标准为依据，即 GB/T 16895.5—2012 中第 430.1 条“过电流保护范围”的“注 1”特别指出：“当故障引起的过电流的数值与过负荷的数值差不多时，符合规定的带电导体的过负荷保护，可以认为也是这类故障的过电流保护”。也就是说，短路电流值小到和过负荷电流值差不多时，可由过载脱扣器切断。

（4）短路电流切断时间超过 5s 时，应考虑散热的影响，不能用式（1.4－1）计算；在没有适当的计算公式时，利用式（1.4－1）计算，求得的截面积 S 偏大，即偏于保守，所以本章仍采用式（1.4－1）校验短路热稳定。

1.4.3　允许电压降

长距离配电线路的电压降大是必然的，必须采取措施合理解决，以下分别叙述用电设备端电压标准和采取的措施。

（1）根据用户用电设备和照明的用途、性质，合理确定其端电压允许值：

1）GB 50052—2009《供配电系统设计规范》第 5.0.4 条规定：“用电设备端子处电压偏差允许值”：①电动机为±5%额定电压；②照明：一般场所为±5%额定电压；远离变电站的小面积场所，难以满足上述要求时可为＋5%，－10%额定电压；应急照明、道路照明和警卫照明等为＋5%，－10%额定电压。

5.0.4 条的条文说明作了如下补充：对于少数距电源较远的电动机，在满足传动要求时，其端电压可低于 95%，但不得低于 90%。

同时该条文说明还列举了美国供电标准的电动机允许电压偏差为±10%，

英国本土和澳大利亚为±6%。

2）GB 50034—2013《建筑照明设计标准》和 CJJ 45—2015《城市道路照明设计标准》对建筑照明和道路照明的端电压限值与 GB 50052—2009 的规定是统一的。

3）GB/T 12325—2008《电能质量　供电电压偏差》第 4 章规定：220V 单相供电电压偏差为标称电压的 + 7%，－10%；对供电点短路容量较小、供电距离较长以及对供电电压偏差有特殊要求的用户，由供、用电双方协议确定。

4）综合上述各项标准，远离变电站的小负荷条件下，用电设备端电压允许值如下：

a．一般负荷，无特别要求的：为额定电压的 90%，即电压降不大于 10%；

b．要求严格的用电设备：为额定电压的 95%，即电压降不大于 5%。

（2）满足以上端电压需采取的措施：

1）提高线路功率因数（λ）：力求低压侧达到 0.95 以上，不应低于 0.92。应就地补偿无功功率，同时选用低谐波产品，特别是对有功功率等于或小于 25W 的放电灯和 LED 灯，以及整流设备等，应采取必要措施，其计算方法见《低压配电设计解析》的第 1.3.4 节。

2）适当加大该配电线路导体截面积。

3）必要时，可以装设提升电压的变压器，如 380/400V 变压器，但需要作技术经济比较来确定。

1.4.4　线路电能损耗

（1）长距离配电线路的损耗（I^2Rt）加大不可避免，但可采取措施适当降低。

（2）降低线损的措施：

1）提高线路功率因数：同上述 1.4.3 节中（2）的 1）。

2）合理加大配电线路导体截面积：比载流量所要求的截面积大，这样必然导致电缆购置费和施工费增加；其增加的费用（含利息等因素）若能在电缆使用寿命期（达几十年）内由线路损耗降低的累积值的电能费获得补偿，则这种加大电缆截面积的措施在技术上和经济上都是合理的；选取的截面积大小应按“全寿命周期技术经济比较方法”确定。GB 50217—2018《电力工程电缆设计标准》的 3.6.1 条对此作了规定，并在附录 B 中给出了“10kV 及以下电力电缆经济电流截面选用方式和经济电流密度曲线”；《工业与民用供配电设计手册（第四版）》第 16.4 节作了详细分析，并在表 14.4－2 和表 14.4－3 中给出了具体数据。

1.5 远距离配电的技术措施

1.5.1 故障防护

（1）采用 TN 系统时，末端故障电流很小，通常采用断路器或熔断器作故障防护不能满足切断要求，应采用 RCD 作故障防护；此时，预期故障电流（最小值）不应小于 RCD 的额定剩余动作电流（$I_{\Delta n}$）的 5 倍，正常运行中 RCD 所保护范围的最大泄漏电流总和不应大于 RCD 的 $I_{\Delta n}$ 值的 0.3 倍，这个要求是依据最新发布的 GB/T 16895.22—2022《低压电气装置　第 5－53 部分：电气设备的选择和安装　用于安全防护、隔离、通断、控制和监测的电器》的规定；此前按照 GB/T 6829—2017《剩余电流动作保护器（RCD）的一般要求》规定，RCD 的“额定剩余不动作电流（$I_{\Delta n0}$）”的优选值是 $0.5I_{\Delta n}$。为了保证运行中 RCD 不误动作，按最大泄漏电流总和大于 $0.3I_{\Delta n}$ 更妥当，实际应用中也容易满足。

通常，该配电线路首端 RCD 的 $I_{\Delta n}$ 可整定在 500mA，能满足以下两个条件：保证故障时能可靠切断，同时不会因正常运行时的泄漏电流而误动作。RCD 应采用延时型（除非该线路只供给单台用电设备使用），并设定 0.5～1s 延时。

（2）采用 TT 系统，末端故障电流大小和该配电线路长度关系较小，首端应采用 RCD 作故障防护，RCD 的 $I_{\Delta n}$ 值的确定在《低压配电设计解析》的第 5.4.1.3 节中作了详细解析，并给出了计算公式和具体数据。

装于首端的 RCD 的 $I_{\Delta n}$ 通常整定为 300～500mA，采用延时型（除外供给插座和 32A 及以下的固定用电设备的终端回路）并设定 0.5～1.0s 的延时，动作时间不得超过 1.0s。

该长距离配电线路采用 4 芯（3 相加 N）电缆。

1.5.2 短路保护

（1）远距离、小负荷配电线路末端短路时，短路电流小，一般不能使装设在线路首端断路器的瞬时脱扣器动作，如由1.4.2节分析得知，可以由断路器的过载脱扣器（反时限脱扣器）切断电源，但必须满足短路热稳定要求，即满足式（1.4－1）的规定。

（2）案例校验方法：按照不同计算功率（P_c）和不同线路长度（L）分类，包括1.1节设计师提出的几个实例，共设定了10个方案进行校验。

（3）校验目的：

1）论证小短路电流可以使断路器反时限脱扣器动作，并满足短路热稳定$\left[S\geqslant\frac{I}{K}\sqrt{t}\text{或}t\leqslant\frac{(KS)^2}{I^2}\right]$规定。

2）计算反时限脱扣器切断时，满足$S\geqslant\frac{I}{K}\sqrt{t}$的导体截面积。

3）分析按短路热稳定要求的导体截面积和按载流量要求的截面积，并进行比较。

（4）校验方法和步骤：

1）设定10个案例，根据P_c（15～250kW）和L（400～1200m）分类，具有足够的代表性。

2）按功率因数为0.9求出相应的计算电流I_c（按三相平衡）。

3）GB 50054—2011的过负荷保护要求

$$I_B\leqslant I_n\leqslant I_z \tag{1.5－1}$$

按式（1.5－1）选定断路器的反时限脱扣器额定电流I_{set1}，即式（1.5－1）中I_n值；并按该式选定导体载流量I_z的最小值，按载流量最小值确定S的最小值。按铜芯交联聚乙烯绝缘电缆直接埋地敷设，土壤温度按25℃设定，其载流量按《工业与民用供配电设计手册（第四版）》表9.3－26选取。

注 满足过负荷要求的导体截面积比按载流量选择的截面积有可能大一级。

4）设定配电变压器容量：为统一和比较，一律选取10/0.4kV，1000kVA S_{II}－M型油浸变压器，其电阻和电抗按《工业与民用供配电设计手册（第四版）》表4.6－12的数据选取；并计入变压器到低压开关柜的母线以及低压柜内母线的阻抗（按2000A、10m的阻抗设定）；这两部分阻抗占比较小。

5）按以上确定的参数计算线路末端的短路电流；为求取短路电流的最小值，计算相导体与N导体间的短路电流（I_k）。

6）求得短路电流 I_k 为断路器反时限额定电流 I_{set1} 的倍数 $\frac{I_k}{I_{set1}}$。

7）按 $\frac{I_k}{I_{set1}}$ 值在断路器的“电流—时间”特性曲线（脱扣曲线）上查得脱扣时间最大值（t_{max}），为了安全可靠，从常用的多家生产企业的塑壳断路器的脱扣曲线查得脱扣时间，取其最大时间（近似值），作为校验用。

8）用以上 5）、7）步骤求得的 I_k 和 t_{max} 值，按短路热稳定计算出要求的最小截面积（S_{min}）。

9）将 S_{min} 和 S 作比较，求得 $\frac{S_{min}}{S}$ 的百分比。

10）以上步骤所得数据全部列于表 1.5－1 中。

表 1.5－1　　断路器反时限脱扣器切断短路电流的热稳定校验

配电线路计算有功功率 P_c（kW）	功率因数为 0.9 时的计算电流 I_c（A）	配电线路长度 L（m）	断路器反时限脱扣器的额定电流 I_{set1}（A）	铜芯交联聚乙烯电缆截面积 S（mm^2）	线路末端相对 N 导体的预期短路电流 I_k（A）	I_k 为 I_{set1} 的倍数 $\frac{I_k}{I_{set1}}$	反时限脱扣器动作时间 t（s）	按热稳定 $S_{min}\geqslant\frac{I}{K}\sqrt{t}$ 要求的最小截面积 S_{min}（mm^2）	热稳定要求的截面积为载流量选择的截面积的百分比 $\frac{S_{min}}{S}$
15	25.3	1200	32	4 × 6	34	1.06	1800～3000	13.1	218%
				4 × 10	55	1.72	1300	13.9	139%
				4 × 16	87	2.72	400	12.2	76.3%
20	33.8	1100	40	4 × 10	60	1.50	1500	16.3	163%
				4 × 16	95	2.38	480	14.6	91.3%
40	67.5	1000	80	4 × 16	105	1.87	1000	23.2	145%
				4 × 25	163	2.04	550	26.7	107%
				4 × 35	226	2.83	250	25	71.4%
60	101.3	900	125	4 × 50	353	2.82	250	39	78%
80	135	800	160	4 × 70	542	3.39	170	49.5	70.7%
100	168.8	750	200	4 × 95	754	3.77	150	64.6	68%
130	219.5	600	250	4 × 150	1325	5.30	70	77.6	51.7%
160	270	500	315	4 × 240	2070	6.57	45	97.1	40.6%
200	337.6	420	400	2 ×（4 × 95）	2630	6.58	45	123.4	65%
250	422	400	500	2 ×（4 × 150）	3726	7.45	30	142.6	47.6%

（5）分析。

1）从表 1.5－1 可知，远距离（如 400～1200m）配电线路，末端短路电流小，在此特殊场合也可用断路器反时限脱扣器切断，以满足短路热稳定要求。

2）多数案例中，S_{min} 小于 S，即不因短路保护要求加大导体截面积。

3）当线路太长（案例中 1000m 及以上）且 P_c 较小（40kW 及以下），S 小（案例中 $4\times16mm^2$ 及以下），则需要为短路保护而加大截面积，这部分案例在表 1.5－1 中用红色网线表示。

4）以上分析是针对十个案例的定性分析，其基本规律是正确的，但具体数据不能作为依据。

1.5.3 按用电设备端电压要求选择线路截面积

（1）用电设备（含照明灯）的端电压和线路电压降（Δu%）允许值。

按第 1.4.3 节的标准规定和综合分析，设备端电压和 Δu%允许值如下：

1）远离变电站的一般负荷：不低于额定电压的 90%，Δu%不超过 10%；

2）要求严格的用电负荷：不低于额定电压的 95%，Δu%不超过 5%。

（2）编制的各种截面积按 Δu%允许值所能承载的最大电流矩确定，详见表 1.5－2。

（3）表 1.5－2 的说明：

1）“电流矩”为 I_c 和 L 的乘积，单位为 A • km。

2）额定电压为 220/380V 三相四线制系统，按三相负荷平衡计算。

3）I_c 按 P_c 和功率因数 0.9 求得。

4）单位电流矩每安培千米的 Δu%按《工业与民用供配电设计手册（第四版）》表 9.4－19 的数据确定。

5）L 是从变电站低压配电柜到用电处（建筑物或户外装置）进线点的长度。

6）线路采用交联聚乙烯绝缘电缆。

（4）按照不同条件对表 1.5－2 的电流矩修正。

1）当使用聚氯乙烯绝缘电缆时，电流矩应乘以 0.92 的系数。

2）当用户建筑物进线点到末端用电设备的线路较长时，表 1.5－2 中电流矩可乘以 0.9 的系数。

3）当线路功率因数大于 0.9 时，表 1.5－2 中电流矩应乘以表 1.5－3 中的系数。

表 1.5－2　　按电流矩和允许电压降选择电缆截面积表

Δu%不超过 5%的最大电流矩（A·km）		Δu%不超过 10%的最大电流矩（A·km）		交联聚乙烯绝缘电缆截面积（mm^2）
铜芯电缆	铝芯电缆	铜芯电缆	铝芯电缆	
2.27	—	4.53	—	4
3.39	—	6.78	—	6
5.50	3.41	11.00	6.81	10
8.71	5.37	17.42	10.74	16
13.41	8.32	26.81	16.64	25
18.45	11.52	36.90	23.04	35
25.77	16.23	51.55	32.47	50
34.97	22.22	69.93	44.44	70
45.87	29.41	91.74	58.82	95
55.56	36.50	111.11	73.00	120
66.67	44.25	133.33	88.50	150
78.13	53.19	156.25	106.38	185
94.34	65.79	188.68	131.58	240

表 1.5－3　功率因数大于 0.9 时，表 1.5－2 中“最大电流矩”的修正系数

功率因数	电缆截面积（mm^2）											
	6	10	16	25	35	50	70	95	120	150	185	240
0.92	0.979	0.980	0.982	0.983	0.985	0.985	0.993	0.993	0.998	1.006	1.012	1.022
0.95	0.951	0.953	0.957	0.962	0.968	0.971	0.986	0.991	1.008	1.017	1.031	1.064
1.00	0.909	0.917	0.928	0.940	0.954	0.980	1.014	1.048	1.092	1.136	1.185	1.292

（5）提高线路功率因数的意义和作用。

1）线路功率因数不应低于 0.9。

2）力求采取措施，在用户端作无功补偿和选用低谐波的用电设备和灯具以使功率因数提高到 0.92 以上，对降低 Δu%有双重作用：

a．使 I_c 减小，即使实际“电流矩”减小；

b．对于较大电缆截面积（95～120mm^2 及以上）的线路可以提高允许的“最

大电流矩”数值。

1.5.4 按线路电能损耗选择截面积

（1）本节是考虑节能、合理降低电能损耗和经济的原则。

（2）如 1.4.4 节所述，远距离线路的损耗加大，主要靠加大导体截面积弥补，并且应按照全寿命周期技术经济比较方法合理确定需加大的数值。

（3）《工业与民用供配电设计手册（第四版）》第 16.4 节对全寿命周期技术经济比较进行了分析，运用 IEC 标准“总拥有费用法（TOC）”的计算方法，并按此计算出电缆截面积的经济电流范围的实用数值，在表 16.4－2 和表 16.4－3 中予以体现。

（4）《工业与民用供配电设计手册（第四版）》中表 16.4－2 和表 16.4－3 的应用说明。

1）该两个表适用于 0.6/1.0kV 交联聚乙烯绝缘电缆（XLPE）和聚氯乙烯绝缘和护套电缆（PVC），两表分别为铜和铝导体。

2）电缆的经济电流值和电缆线路长度无关（这和按电压降选择电缆截面积大不相同）；主要和“电价水平”以及“最大负荷利用小时（T_{max}）”两个因素密切相关。

（5）经济电流选择电缆截面积的应用：按“电价”及 T_{max} 选择截面的案例，在下一节中列出。“高电价”地区要求截面积大；T_{max} 为 4000h 的用电大致相当于两班制工作条件，比 T_{max} 为 2000h 的（办公、教室等）要求截面积大。

1.6 远距离配电线路的应用示例

1.6.1 配电线路截面积选择案例

（1）案例选择：按表 1.5－1 列举的 10 个案例，包括了不同计算功率（15～250kW）和不同线路长度（400～1200m），具有较广泛的代表性。

（2）运用 6 项技术要求（载流量、过负荷保护、短路保护、故障防护、允许电压降和经济电流）选择线路截面积，列于表 1.6－1。

表 1.6－1　　10 个案例按 6 项技术要求选择电缆截面积

案例号	案例的原始数据		计算数据		断路器反时限脱扣器额定电流 I_{set1}（A）	线路截面积（mm^2），选用铜芯交联聚乙烯绝缘电缆							
	计算有功功率 P_c（kW）	配电线路长度 L（km）	功率因数为 0.9 的计算电流 I_c（A）	电流矩 I_cL（A·km）		按载流量（直埋地 25℃）	按过负荷保护	按接地故障防护	按短路保护	按允许电压降 $\Delta u\%$		按经济电流	
										$\Delta u\% \leq 10$	$\Delta u\% \leq 5$	高电价 $T_{max}=4000h$	高电价 $T_{max}=2000h$
1	15	1.2	25.3	30.4	32	4×2.5	4×4	采用 RCD 作故障防护 TN 和 TT 系统，对导体截面积满足其他要求即可	4×16	4×35	4×70	4×16	4×16
2	20	1.1	33.8	37.2	40	4×4	4×6		4×16	4×50	4×95	4×25	4×16
3	40	1.0	67.5	67.5	80	4×16	4×16		4×35	4×70	2×（4×70）	4×50	4×35
4	60	0.9	101.3	91.2	125	4×25	4×50		4×50	4×95	2×（4×95）	4×70	4×50
5	80	0.8	135	108	160	4×50	4×70		4×50	4×120	2×（4×120）	4×95	4×70
6	100	0.75	168.8	126.6	200	4×70	4×95		4×70	4×150	2×（4×150）	4×120	4×95
7	130	0.6	219.5	131.7	250	4×120	4×150		4×95	4×150	2×（4×150）	4×185	4×120
8	160	0.5	270	135	315	4×150	2×（4×70）或 4×240		4×120	2×（4×70）	2×（4×185）	4×185	4×150
9	200	0.42	337.6	141.8	400	2×（4×70）或 4×240	2×（4×95）		4×120	2×（4×95）	2×（4×185）	2×（4×120）	4×185
10	250	0.4	422	168.8	500	2×（4×95）	2×（4×150）		4×150	2×（4×95）	2×（4×240）	2×（4×150）	2×（4×120）
依据				I_c 与 L 的乘积	《低压配电设计规范》3.1.1 条第 4 款	《低压配电设计规范》3.2.2 条第 1 款	《低压配电设计规范》式（6.3.3－1）	本书 1.5.1 节	本书表 1.5－1	本书表 1.5－2		《工业与民用供配电设计手册（第四版）》表 16.4－2	

（3）对表 1.6－1 的分析：

1）由于过负荷保护要求已包含载流量的要求，所以“按载流量选择截面积”不予考虑。

2）采用 RCD 作故障防护，不论是 TN 或 TT 接地系统，对电缆截面积没有特别要求，不必校核。

3）允许电压降是主要因素：

a．要求 $\Delta u\%\leqslant10\%$时，主要按 $\Delta u\%$选截面积，但计算功率大；当线路不太长，将按经济电流（高电价、两班制作业条件）选截面积（见表 1.6－1 中案例 9、10），甚至按过负荷保护要求选更大截面积（见表 1.6－1 中案例 10）。

b．要求 $\Delta u\%\leqslant5\%$时，则完全按 $\Delta u\%$选择截面积。

4）按经济电流选择截面积的影响：在高电价地区和 T_{max} 为 2000h 条件下要求的截面积不超过按电压降要求的截面积；在高电价地区、T_{max} 为 4000h 条件下，线路不太长的，要求的截面积可能比按电压降要求的截面积大；在高电价地区 T_{max} 达 6000h 者，应对按经济电流和电压降选择的截面积作比较，宜取大者。

5）关于短路保护的要求：通常不会超过按电压降选择的截面积。

6）表中电缆的芯数不包括 PE 导体。

1.6.2　提高功率因数的影响

（1）远距离配电线路的功率因数不应低于 0.9。

（2）有条件时，可争取更高的功率因数，将有利于降低线路损耗，当功率因数提高到 0.92～1.0 时，线路损耗可降低 4%～20%；另外可降低电压降；但是通常要增加费用，应进行技术经济比较。

（3）示例：以表 1.6－1 的案例 9 为例，$P_c=200kW$，$L=420m$，当 λ 为 0.95 和 1.0，允许 $\Delta u\%$为 10%时，请选择线路（铜芯交联聚乙烯电缆，直埋地）截面积。

解：$\lambda=0.95$ 时：$I_c=319.8A$，电流矩 $=319.8\times0.42=134.3$（A·km），查表 1.5－2，$\Delta u\%\leqslant10\%$时，选 2 条 $4\times70mm^2$ 电缆。

$\lambda=1.0$ 时：$I_c=303.8A$，电流矩 $=303.8\times0.42=127.6$（A·km），同上，选 2 条 $4\times70mm^2$ 电缆。

应说明，1.5.3 中（4）3），$\lambda>0.9$ 时，对表 1.5－2 的最大电流矩的修正系

数（见表 1.5－3），只有在截面积为 150mm^2 及以上时有较好效果。

本案例分析：λ 为 0.95 和 1.0 时，可以降低一级电缆截面积，具有偶然性，不一定能降低截面积。如按相同截面积（同 $\lambda = 0.9$ 比较），则电压降和线损一定能降低，$\lambda = 0.95$ 时的线损比 $\lambda = 0.9$ 时降低 10.3%，$\lambda = 1.0$ 时的线损比 $\lambda = 0.9$ 时降低 19.1%。但是达到 $\lambda = 1.0$ 不太容易，不必强求。

1.7　总结

对以上分析作一总结，为工程设计提供一个具体的实施方法。

（1）远距离用户采用低压（220/380V）送电时，必须考虑以下两个方面：

1）符合故障防护、短路和过负荷保护要求。

2）满足用电设备端电压规定，合理降低线路损耗。

（2）设计实施。

1）$\Delta u\%$是决定电缆截面积的关键，经济电流对截面积有一定影响；都有现成的表格可查，比较方便。

2）采用 RCD 作故障防护，不论采用 TT 或 TN 接地系统，对电缆截面积没有更大要求，不需要计算。

3）过负荷保护是常规要求，比较简单，而且对截面积的要求一般不超过按电压降所要求的截面积。

4）短路保护是计算的难点，但按 1.6.1 节的论证，短路热稳定要求的截面积不会超过按电压降所选择的截面积，可以免于校验，使设计实施十分简单和方便。

2　低压配电系统接地

2.1　问题的提出

低压配电系统的接地，在《低压配电设计解析》第 3 章已经做了较全面的阐述；一年多来全国各地电气设计师以及施工安装等单位的同行朋友提出了不少问题，本章主要是对这些问题进行答复和比较系统的讲述。

2.2　关于“一点接地”

（1）适用条件：主要是适用于多电源供电的配电系统，包括两台或多台配电变电器采用 TN 接地型式，或一台及多台配电变压器和低压发电机的系统。

（2）目的：防止各电源（配电变压器）中性点各自直接与地连接，导致两点或多点接地时产生杂散电流。

（3）为什么特别强调“一点接地”？多年来在建筑电气工程施工中，往往把配电变压器的中性点直接接地；当变电站装设两台变压器时，就形成两点接地，产生不应该有的电流路径，即杂散电流。人们常常把 TN 接地系统的变压器中性点“直接接地”这个概念理解为中性点引出处即刻与地连接，必须费气力改变这种做法。

（4）“一点接地”的技术要求。

1）不应将配电变压器的中性点或发电机的星形点直接对地连接。

2）在两台（或多台）变压器的中性点（包括发电机的星形点）之间，在低压配电柜相互连接之后仅取“一点”与 PE 导体，并与地连接。

3）该一点连接应设置在变电站的低压配电柜内。

4）各变压器中性点之间的连接导体（PEN）应对地绝缘（除接地点外）。

（5）实施方案。

1）从各变压器的中性点引出 PEN 母排接到低压柜的 PEN 母排，在低压柜内的 PEN 母排（柜内和三条相母排靠近的第四条母排）连接成整体，中间不得装设任何开关、断路器分隔，见图 2.2－1。

2）低压配电柜内连接各变压器中性点的 PEN 母排，选择一点（仅一点）连接到 PE 导体而接地，如图 2.2－1 中的 E 点即为各变压器中性点的“直接接地”。

3）在 E 点实施“一点接地”，通常在低压配电柜内设置 PE 母排（柜内第 5 条母排），此 PE 母排是为了方便 TN－S 接地方式用，也用于连接变电站内电气装置之外露可导电部分。该 PE 母排可以多点与地连接。

4）变电站低压侧采用三相四线制 TN 接地系统，变压器中性点引出到低压配电柜的导体应是“3L＋PEN”4 条母排（三相加 PEN），不是“3L＋N”，也不是“3L＋PE”，也不应该设置五条母排（“3L＋N＋PE”）。

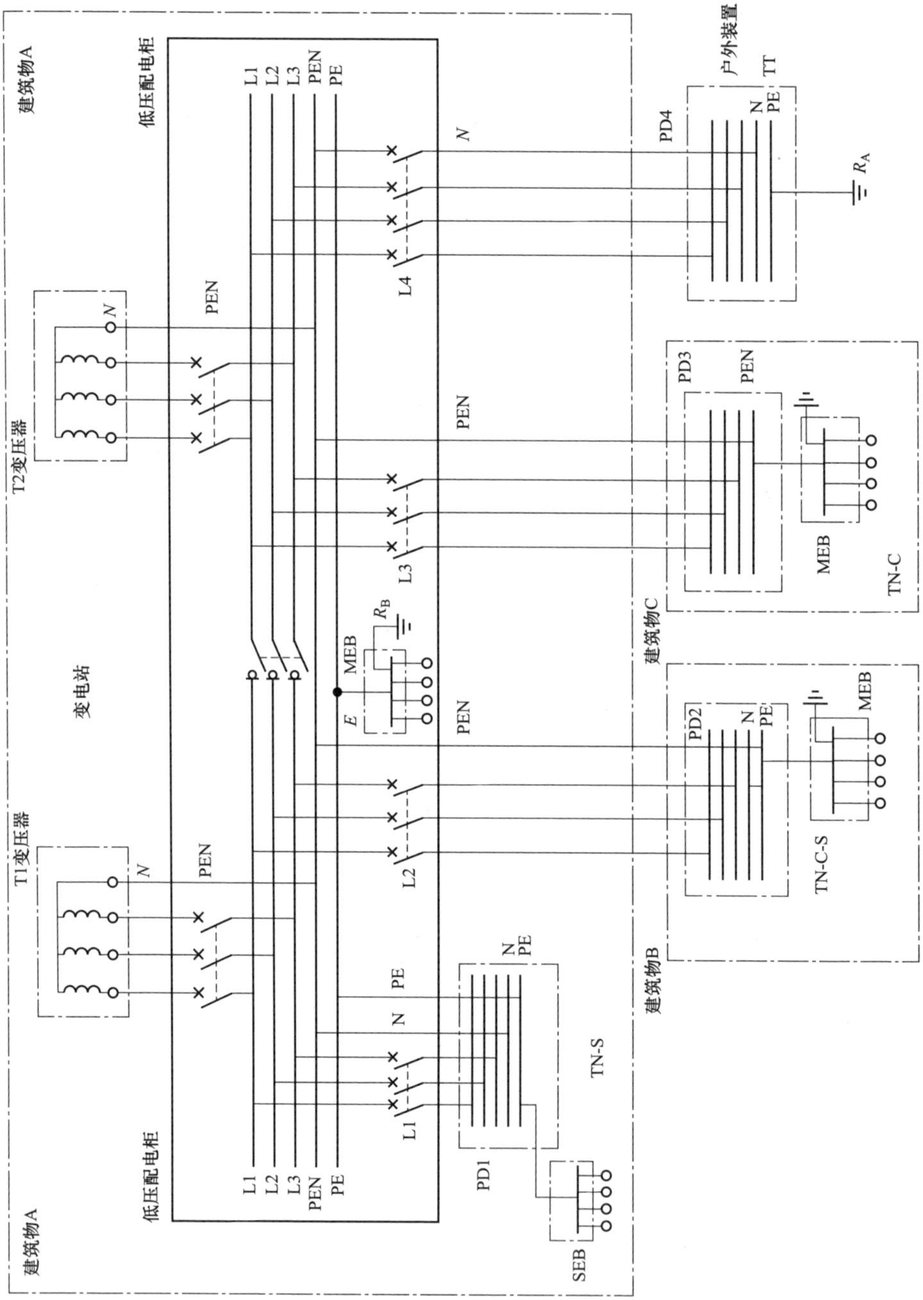

图 2.2－1　两台变压器的“一点接地”及引出馈线接地方式

2.3　PE、N 和 PEN 导体的连接要求

（1）变压器的中性端子引出的 PEN 导体，不得与地连接，也不得与变压器的金属外壳连接。

（2）变压器中性点采用母线槽连接到低压配电柜时，应符合以下要求：

1）应采用 4 条母排的母线槽。

2）不得利用母线槽的金属外壳作 PEN 导体。

3）母线槽的 PEN 母排应与相母排一样绝缘，不得与金属外壳连接。

4）母线槽的 PEN 母排宜与相母排等截面积；当所承载的工作电流的 3 次谐波（以及“3”的奇次倍谐波）含有率低于 15%时，PEN 母排的截面积可以降低，但不得小于相母排截面积的 1/2。

（3）变压器连接到低压配电柜采用电缆时，应符合以下要求：

1）应选择 4 芯电缆，不选用 5 芯电缆。

2）电缆的 PEN 导体不得同电缆的金属外护层连接。

3）电缆的 PEN 线芯通常和相导体等截面积；当确认承载的工作电流的 3 次谐波含有率低于 15%时，可以选择为相导体截面积的 1/2。

（4）变压器连接到低压配电柜的母线槽的金属外壳（或电缆的金属外护物）应与变压器的金属外壳连接，另一端宜与低压柜的 PE 母排相连接。

2.4　变电站内低压开关与保护电器选型和极数

（1）从变压器接到低压配电柜的线路，应装设隔离开关或断路器，该电器应采用 3 极，不得选用 4 极。

（2）低压配电柜内各段母线之间应装设隔离开关（手动操作或电动操作），不应装设断路器，如果装断路器，必将导致在很短距离之内，连续设置 3 台保护电器，难以保证选择性；该母联隔离开关应选用 3 极，而不得选用 4 极，即只隔离三相母排，而不允许将 PEN 母排断开。

（3）从低压配电柜引出馈线的首端应装设保护电器，要求如下：

1）该保护电器宜采用选择型断路器或熔断器，也可采用非选择型断路器，可参考《低压配电设计解析》的 9.5.2.9 款方案选择。

2）该保护电器应具有隔离功能。

3）引出馈线为三相四线制时，保护电器的极数选择：

a. 采用熔断器时应选用 3 极，不允许用 4 极。

b. 馈线为 TN－C－S 或 TN－C 系统时，应选用 3 极，不得选用 4 极。

c. 馈线为 TN－S 系统时，宜选用 3 极。

d. 馈线为 TN－S 系统，装设双电源转换，且两个电源均接自同一变电站内时，应选用 4 极。

e. 馈线为 TT 系统时，应采用 4 极。

2.5 引出馈线的接地型式和 PE 及 N 导体的关系

2.5.1 引出馈线的接地型式

（1）同一变电站各馈线可以采用不同接地方式，包括 TN－S、TN－C－S 和 TN－C 以及 TT 系统，但不能采用 IT 系统，然而可以通过隔离变压器形成局部 IT 系统。

（2）一般情况下，在变电站所在建筑物的配电采用 TN－S 系统；接到变电站之外的另一建筑物配电采用 TN－C－S 系统；TN－C 系统由于其自身的缺陷很少应用，如装有或可能装有大量信息技术设备的建筑、爆炸或火灾危险环境、游泳池、喷水池、洗浴间、手术室、建筑工地、道路照明、室外用电、插座回路以及居住建筑等，均不应采用 TN－C 系统；该系统仅仅在三相平衡的用电设备且确认 3 次谐波含有率近乎零的条件下可以应用，但不推荐，接到终端电器、插座等的终端回路，仍应将 PEN 分开为 PE 和 N；户外电气装置和户外照明配电宜采用 TT 系统。

（3）必须更新观念：一些早已淘汰、过时的名词术语、接地方式，如“零线”“接零系统”“接零保护”“N 线重复接地”等，仍有个别场合应用，应予以摒弃，统一到现行标准中。

2.5.2 各种接地系统 PE 和 N 导体的关系

（1）从变压器中性点接到低压配电柜，PE 和 N 导体是合并的，即 PEN 导体，TN－S、TN－C－S、TN－C、TT 系统均如此。

（2）引出馈线为 TN－S 系统：PE 导体和 N 导体从低压配电柜分开，其 N 导体自低压柜 PEN 母排接出，见图 2.2－1 的 L1 馈线。

（3）引出馈线为 TN－C－S 系统：从低压柜引出时为 PEN 导体，通常到另一建筑物进线配电箱内分开为 PE 导体和 N 导体，见图 2.2－1 的 L2 馈线和建筑物 B。

（4）引出馈线为 TN－C 系统：从低压柜引出 PEN 导体，一直到终端配电箱 PE 和 N 导体都不分开，见图 2.2－1 的 L3 馈线和建筑物 C。

（5）引出馈线为 TT 系统：从低压柜引出 N 导体（接自低压柜内 PEN 母排），不得接出 PE 导体，见图 2.2－1 的馈线 L4 和户外配电箱 PD4。

（6）引出 TN－C－S 系统馈线中的 PEN 导体，在下一建筑物进线处的配电箱处应做重复接地，通常通过“总等电位联结端子”接地。

（7）TN－S 和 TN－C－S 系统的 PEN 导体，一旦分开为 PE 和 N 导体后，N 导体必须绝缘（与相导体一样），不得与地、PE 导体以及金属外护物等连接，即不允许出现 N 导体“重复接地”；但分开后的 PE 导体可以多处重复接地。

2.5.3 TT 系统的 N 和 PE 导体的关系

（1）TT 系统或局部 TT 系统内不应出现 PEN 导体。

（2）从低压配电柜或配电箱引出三相四线制回路采用 TT 系统时，连接线应为四芯电缆或绝缘导线，即 3 根相线和 N 线，不得有 PE 线。

（3）N 导体在任何部位，必须对地绝缘，不得与地、PE 导体以及金属外护物连接。

（4）TT 系统回路的电缆金属外护层、穿线钢管和槽盒、母线槽的金属外壳，其首端不得与低压配电柜、配电箱的金属外壳连接，末端应同 PE 导体连接。

2.6 馈线接地型式的转换

（1）同一馈线各分支线路可以采用不同的接地方式，但各分支线路的故障防护应满足该接地系统的故障防护要求。

（2）同一馈线可以按以下要求变换接地方式：

1）TN－C 系统可以变换为 TN－S 系统，见图 2.6－1 中 L1 馈线，该馈线的接地系统即称为 TN－C－S 系统。

2）TN－S（或 TN－C－S）系统可以变换为 TT 系统，见图 2.6－1 中 L2 和 L3 馈线。

（3）接地方式不允许作如下变换：

1）TN－S 系统之后不允许出现 TN－C 系统，见图 2.6－1 中 L4 馈线。

2）TT 系统之后不允许出现 TN－S、TN－C－S 系统，见图 2.6－1 中 L5 馈线。

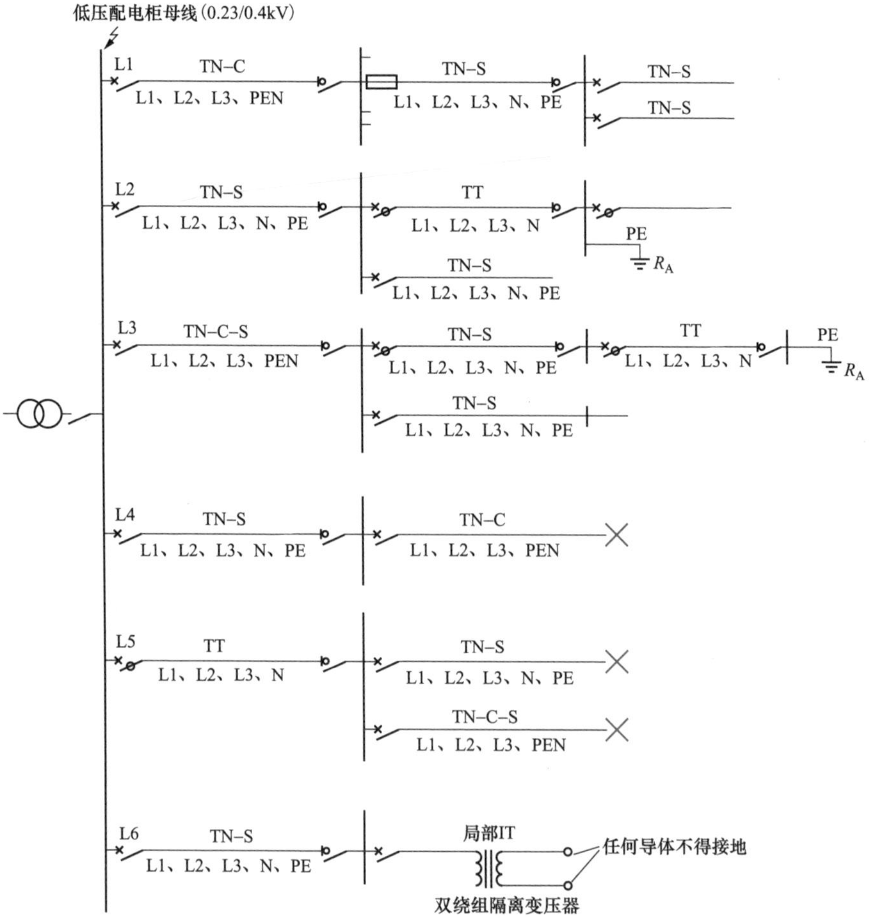

图 2.6－1　低压配电柜同一馈线接地方式的变换

（4）TN 系统还可以变换出特殊的局部 IT 系统：如某一分支回路装设双绕

组隔离变压器（通常采用变比为 1:1），其二次侧与一次侧的 TN 系统实现电路隔离，二次侧的任何带电导体与地绝缘，此不接地的二次侧视作“电源端”，而形成 IT 系统，见图 2.6－1 中 L6 馈线，如医院手术室多采用这种方式。

2.7　TN 系统的 PE 导体敷设要求

（1）原则：PE 导体应同相导体敷设在同一电缆内或共同外护物中，至少应靠近，以降低线路的相保电抗。

（2）措施：配电线路采用电缆时，PE 导体和相导体在同一电缆内；采用绝缘线穿管或线槽敷设时，PE 导体应和相导体在同一外护物内。

（3）按上述措施敷设 PE 导体，可以忽略相保电抗，只按相保电阻计算故障电流，大大简化计算程序；对于铜芯 $70mm^2$ 及以下线路，故障电流计算值的误差不超过 2%；对于更大截面的线路，忽略电抗产生的误差较大，宜进行必要的修正。

修正系数列于表 2.7－1。

表 2.7－1　　忽略线路电抗时的修正系数

交联和 PVC 电缆截面积（mm^2）	≤70	95	120	150	185	240
修正系数	1	0.97	0.95	0.92	0.9	0.84

注　绝缘导线穿管或线槽内敷设时，截面积为 150～$240mm^2$ 者，表中修正系数可乘以系数 0.97。《低压配电设计解析》中式（5.4－6）中的 K 值应按本书表 2.7－1 更正。

（4）对于改建工程，难以满足上述（2）款措施时，应将 PE 导体紧贴电缆或钢管敷设，该 PE 导体可选择绝缘线或裸线。

（5）不应沿墙敷设一圈扁钢或铜带作为 PE 导体，这种做法使 PE 导体远离相导体，且距离无法确定，必将导致配电线路的相保电抗大大增加，且无法计算，以致无法计算故障电流，因此不能确切地满足保护电器在规定时间内切断故障回路的规定。

（6）如果配电线路的电缆或穿管电线已设置有 PE 导体，则沿墙敷设的一圈扁钢或铜带实属多余，但作为等电位联结导体的补充是允许的。

3 母线槽配电的故障防护

3.1 自动切断电源的故障防护的补充

（1）问题的提出：《低压配电设计解析》第 5 章对自动切断电源的故障防护（特别是 TN 系统）编制了 6 张计算表，免除了设计师大量重复计算。但是这些表格是按电缆线路和绝缘线穿管敷设线路编制的，部分电气设计师提出没有母线槽线路和母线槽与电缆混合线路的计算表，已有表格仍显不足。

当今高层和超高层建筑多采用母线槽竖井装设作为主干线，各楼层经配电箱引出电缆或穿管线作为分干线，工业企业也有一些车间（如机械加工）采用母线槽作树干式配电，经配电箱引出电缆或穿管线作为分干线。这些系统的故障防护仍没有方便的表格可以应用。

本章是为补充母线槽配电的故障防护计算表格而编写的。

（2）补充内容：编制涉及母线槽配电的两类表格：

1）从变电站低压配电柜引出的母线槽特定距离处的故障电流值。

2）母线槽主干线和电缆（以及穿管电线）作为支干线的配电系统，按阻抗值相等原则编制的等效折算系数表。

3.2 母线槽配电系统的故障电流

3.2.1 相保回路阻抗

（1）计算故障电流，必须要有配电系统各个环节的相保回路电阻和电抗参数，包括配电变压器、母线槽、电缆和穿管导线，还有高压侧（归算到低压侧）等各个环节，分述如下：

1）对于变压器的相保阻抗，油浸式和干式变压器有一些差别，两者分别计算比较好。

2）高压侧系统阻抗值较小，其值同系统容量有关。虽然阻抗值所占比例极小，对故障电流值影响也非常小，但是计算中仍计入此阻抗值。

（2）电缆、电线的相保阻抗：

1）相保电阻：电缆、电线是按截面积标注其规格的，其电阻值 R 表示为

$$R=\rho\frac{L}{S} \tag{3.2-1}$$

则单位长度的电阻值 $\frac{R}{L}$ 表示为

$$\frac{R}{L}=\frac{\rho}{S} \tag{3.2-2}$$

式中 $\frac{R}{L}$ ——单位长度的电阻值，Ω/m，通常用 mΩ/m 或 Ω/km 表示；

S ——导体截面积，mm^2；

ρ ——导体的电阻率，$\Omega \cdot mm^2/m$。

铜质导体的质量分数不得低于 99.9%，用作电缆、电线经过退火处理的软铜，按 IEC 标准规定，20℃的电阻率（ρ_{20}）应达到 $0.017241\times10^{-6}\Omega\cdot m$（即 $0.017241\Omega\cdot mm^2/m$）；用于电缆、电线的电工软铝应为 $0.027366\times10^{-6}\Omega\cdot m$。

因此，各种标称截面积的铜、铝电缆、电线的单位长度电阻就是一个统一确定的数值（允许一定公差）。

2）相保电抗：电缆带 PE 导体的，其相导体与 PE 导体同处于电缆内，相保电抗比较小，由于电缆结构和排列不同，其值虽有一些差异，但差别不大。绝缘电线穿管敷设线路，其相保电抗比电缆稍大。

（3）母线槽的相保阻抗：

1）相保电阻：和电缆、电线不同，母线槽的规格不是按截面积，而是按额定电流标注的。由于各企业甚至同一企业采用的导体（母排）的厚度和片数不同，如珠海光乐电力母线槽有限公司（简称珠海光乐公司）的产品，铜排厚度有 3、4、5、6mm 共 4 种，其载流量不同，所以，相同额定电流的母线槽，其母排的总截面积（每相、PE 排）有一定差异，因此其单位长度的电阻值也有差异，不像电缆、电线那么统一。

2）相保电抗：各企业乃至同一企业的不同品牌的母线槽，相导体和 PE 导体的母排厚度和片数不同，绝缘材料和母线槽结构存在差异，导致其相保电抗也不相同，严格地说，应按所选用母线槽的生产企业提供的参数进行计算。

3.2.2 母线槽系统的故障电流计算表

（1）按各生产企业的产品类型编制计算表。已收集到的相保阻抗参数的企业和产品类型如下：

1）珠海光乐公司的铜母线槽；

2）施耐德电气（中国）有限公司（简称施耐德公司）的 I－LINE H 系列铜母线槽；

3）施耐德公司的 I－LINE B 系列铜铝银合金结构母线槽；

4）西门子（中国）有限公司（简称西门子公司）的 XLC－Ⅲ型铜母线槽；

5）ABB（中国）有限公司（简称 ABB 公司）的 Lmax－C 系列铜母线槽。

以上企业五种类型的母线槽相保阻抗资料列于表 A－1～表 A－6。

（2）计算表编制条件和方法。

1）通常从变电站低压配电柜接出母线槽作树干式配电，故以低压配电柜为起点，取 100、150、200、300m 共 4 个点编制故障电流值（I_d），并分别按以上五种产品类型编制。

2）变压器的相保电阻和电抗按 10/0.4kV、非晶合金铁芯产品的数据设定，参照《工业与民用供配电设计手册（第四版）》中表 4.6－14 和表 4.6－15，电工钢带铁芯变压器的参数与之接近，可使用这两张表；20/0.4kV 变压器的相保阻抗稍大，可参考这两张表；变压器容量取 800～2500kVA 共 6 挡，分别按油浸式和干式变压器计算。

3）高压侧短路容量按 300MVA 计算，其相保电阻和电抗值按《工业与民用供配电设计手册（第四版）》中表 4.6－11 的数据设定。

4）变压器到低压配电柜（含柜内母线）的母线平均长度按 10m 计；其额定电流值按变压器额定电流的 1.386 倍计；其单位长度的相保电阻和电抗值参照低压配电柜引出该馈线回路同类型母线槽的数据。

注　1.386 倍说明：变压器容量为 S（kVA），其额定电流 $I_N=\dfrac{S}{\sqrt{3}\times0.4}=1.4434S$；$I_N$ 的 1.386 倍，即 $1.386\times1.4434S\approx2S$；则母线槽的额定电流取变压器容量的 2 倍。

（3）I_d 计算表列于表 3.2－1～表 3.2－21。

（4）应用。

1）母线槽故障点至低压配电柜的距离为表中所列数值（100、150、200、300m）时，直接查表求得 I_d 值。

2）表中未列的距离求取 I_d 值方法：鉴于变压器相保阻抗和变压器到低压配电柜的母排相保阻抗之和，在故障回路中占有一定比例，因此母线槽各点的 I_d 值，同离低压柜的距离不完全是线性关系，不宜用插入法求得任一点的 I_d 值，建议采用下列方法：

a．当所需要计算距离与表中数值接近，并稍小于表中距离时，采用该距离查得 I_d 值：如 140m 可按表中 150m、查得 I_d 值，190m 可按表中 200m 查得 I_d 值。查得的 I_d 值偏小，偏于安全。

表 3.2-1　珠海光乐公司铜母线槽距低压柜 100m 处的预期接地故障电流值

配电变压器容量（kVA）	母线槽额定电流为下列值（A）的预期接地故障电流值（kA）距低压配电柜 100m 处									
	630	800	1000	1250	1600	2000	2500	3200	4000	5000
800	4.15/4.04	5.26/5.07	6.36/6.06	8.06/7.54	9.58/8.79	10.80/9.78	—	—	—	—
1000	4.26/4.18	5.45/5.31	6.65/6.43	8.56/8.14	10.30/9.66	11.75/10.90	12.90/11.85	—	—	—
1250	4.37/4.31	5.63/5.53	6.92/6.75	9.00/8.70	11.00/10.49	12.70/12.00	14.10/13.16	19.60/17.70	—	—
1600	4.48/4.44	5.83/5.74	7.23/7.08	9.57/9.28	11.88/11.38	13.90/13.20	15.60/14.70	22.60/20.60	25.50/22.80	—
2000	4.53/4.50	5.91/5.87	7.36/7.30	9.80/9.66	12.23/12.00	14.40/14.03	16.20/15.77	24.00/23.00	27.40/25.74	30.30/28.10
2500	4.58/4.57	6.00/5.98	7.48/7.46	10.00/9.98	12.60/12.52	14.88/14.77	16.90/16.74	25.40/25.04	29.30/28.67	32.80/31.80

注　1. 表中分子用于油浸式变压器，分母用于干式变压器，均按 10/0.23/0.4kV 的相保电阻、电抗数据计算。

2. 按对地标称电压 U_{nom} 为 220V 计算。

表 3.2-2　珠海光乐公司铜母线槽距低压柜 150m 处的预期接地故障电流值

配电变压器容量（kVA）	母线槽额定电流为下列值（A）的预期接地故障电流值（kA）距低压配电柜 150m 处									
	630	800	1000	1250	1600	2000	2500	3200	4000	5000
800	2.91/2.86	3.75/3.66	4.61/4.47	6.00/5.74	7.34/6.91	8.46/7.77	—	—	—	—
1000	2.97/2.93	3.84/3.78	4.76/4.64	6.26/6.06	7.73/7.44	9.00/8.60	10.10/9.48	—	—	—
1250	3.02/2.99	3.93/3.88	4.89/4.81	6.50/6.35	8.11/7.85	9.52/9.15	10.76/10.27	15.80/14.73	—	—
1600	3.07/3.05	4.02/3.99	5.03/4.98	6.77/6.65	8.54/8.40	10.14/9.81	11.56/11.12	17.60/16.60	20.58/19.00	—
2000	3.09/3.08	4.06/4.04	5.10/5.08	6.88/6.82	8.73/8.64	10.40/10.24	11.90/11.70	18.42/17.90	21.70/20.85	24.90/23.60
2500	3.11/3.10	4.10/4.09	5.15/5.14	7.00/6.97	8.90/8.87	10.64/10.60	12.24/12.17	19.22/19.06	22.90/22.60	26.60/26.05

注　1. 表中分子用于油浸式变压器，分母用于干式变压器，均按 10/0.23/0.4kV 的相保电阻、电抗数据计算。

2. 按对地标称电压 U_{nom} 为 220V 计算。

表 3.2－3　　珠海光乐公司铜母线槽距低压柜 **200m** 处的预期接地故障电流值

配电变压器容量（kVA）	母线槽额定电流为下列值（A）的预期接地故障电流值（kA）距低压配电柜 200m 处									
	630	800	1000	1250	1600	2000	2500	3200	4000	5000
800	2.24/2.21	2.91/2.86	3.61/3.53	4.78/4.62	5.92/5.66	6.92/6.55	—	—	—	—
1000	2.26/2.24	2.96/2.90	3.70/3.63	4.92/4.81	6.16/5.97	7.26/7.00	8.23/7.86	—	—	—
1250	2.29/2.28	3.02/2.98	3.77/3.72	5.07/5.00	6.40/6.25	7.59/7.37	8.65/8.36	13.10/12.50	—	—
1600	2.31/2.30	3.06/3.03	3.85/3.82	5.23/5.19	6.65/6.53	7.95/7.77	9.15/8.95	14.30/13.72	17.00/16.10	—
2000	2.33/2.32	3.09/3.07	3.89/3.87	5.29/5.27	6.76/6.70	8.12/8.03	9.36/9.23	14.80/14.55	17.85/17.35	21.00/20.12
2500	2.35/2.35	3.11/3.10	3.92/3.91	5.35/5.34	6.87/6.85	8.26/8.24	9.56/9.52	15.35/15.27	18.60/18.47	22.00/21.80

注　1．表中分子用于油浸式变压器，分母用于干式变压器，均按 10/0.23/0.4kV 的相保电阻、电抗数据计算。

2．按对地标称电压 U_{nom} 为 220V 计算。

表 3.2－4　　珠海光乐公司铜母线槽距低压柜 **300m** 处的预期接地故障电流值

配电变压器容量（kVA）	母线槽额定电流为下列值（A）的预期接地故障电流值（kA）距低压配电柜 300m 处									
	630	800	1000	1250	1600	2000	2500	3200	4000	5000
800	1.53/1.52	2.00/1.98	2.51/2.47	3.37/3.30	4.26/4.14	5.05/4.88	—	—	—	—
1000	1.55/1.54	2.03/2.01	2.55/2.52	3.42/3.37	4.38/4.30	5.23/5.10	6.00/5.82	—	—	—
1250	1.56/1.55	2.05/2.04	2.58/2.56	3.51/3.48	4.49/4.43	5.38/5.29	6.21/6.07	9.80/9.50	—	—
1600	1.57/1.56	2.08/2.07	2.61/2.60	3.59/3.57	4.61/4.57	5.57/5.48	6.45/6.34	10.38/10.13	12.70/12.23	—
2000	1.58/1.57	2.09/2.08	2.64/2.63	3.62/3.61	4.67/4.65	5.64/5.60	6.55/6.49	10.64/10.52	13.10/12.88	15.90/15.45
2500	1.59/1.58	2.10/2.09	2.65/2.65	3.65/3.64	4.71/4.70	5.70/5.69	6.64/6.63	10.88/10.85	13.49/13.43	16.47/16.34

注　1．表中分子用于油浸式变压器，分母用于干式变压器，均按 10/0.23/0.4kV 的相保电阻、电抗数据计算。

2．按对地标称电压 U_{nom} 为 220V 计算。

表 3.2－5　施耐德公司 I－LINE H 系列铜母线槽距低压柜 100m 处的预期接地故障电流值

配电变压器容量（kVA）	母线槽额定电流为下列值（A）的预期接地故障电流值（kA）距低压配电柜 100m 处									
	630	800	1000	1250	1600	2000	2500	3200	4000	5000
800	3.97/3.90	4.29/4.19	5.00/4.86	6.36/6.10	6.82/6.51	7.46/7.11	—	—	—	—
1000	4.03/4.00	4.37/4.31	5.10/5.01	6.56/6.38	7.06/6.84	7.74/7.50	9.07/8.72	—	—	—
1250	4.10/4.07	4.45/4.41	5.21/5.15	6.76/6.63	7.30/7.14	8.05/7.85	9.45/9.15	13.37/12.72	—	—
1600	4.15/4.13	4.52/4.48	5.30/5.25	6.93/6.82	7.50/7.37	8.26/8.11	9.80/9.60	14.12/13.57	13.60/12.92	—
2000	4.18/4.17	4.55/4.53	5.34/5.32	7.01/6.96	7.60/7.54	8.37/8.31	9.94/9.86	14.48/14.23	14.00/13.70	15.20/14.80
2500	4.20/4.19	4.59/4.58	5.39/5.38	7.09/7.08	7.70/7.69	8.48/8.47	10.10/10.08	14.84/14.77	14.40/14.30	15.62/15.50

注　1．表中分子用于油浸式变压器，分母用于干式变压器，均按 10/0.23/0.4kV 的相保电阻、电抗数据计算。

2．按对地标称电压 U_{nom} 为 220V 计算。

表 3.2－6　施耐德公司 I－LINE H 系列铜母线槽距低压柜 150m 处的预期接地故障电流值

配电变压器容量（kVA）	母线槽额定电流为下列值（A）的预期接地故障电流值（kA）距低压配电柜 150m 处									
	630	800	1000	1250	1600	2000	2500	3200	4000	5000
800	2.91/2.88	3.15/3.11	3.67/3.60	4.70/4.58	5.05/4.90	5.54/5.36	—	—	—	—
1000	2.96/2.93	3.21/3.18	3.75/3.72	4.84/4.76	5.22/5.11	5.71/5.60	6.75/6.60	—	—	—
1250	3.02/3.00	3.28/3.25	3.84/3.80	5.01/4.95	5.42/5.32	5.94/5.83	7.07/6.93	10.07/9.29	—	—
1600	3.05/3.03	3.32/3.30	3.89/3.86	5.10/5.05	5.52/5.47	6.06/6.00	7.24/7.15	10.44/10.20	10.20/9.82	—
2000	3.07/3.06	3.35/3.33	3.93/3.91	5.16/5.14	5.60/5.57	6.15/6.12	7.36/7.31	10.70/10.60	10.50/10.28	11.38/11.19
2500	3.09/3.08	3.40/3.39	3.97/3.96	5.22/5.21	5.67/5.66	6.24/6.23	7.48/7.47	10.97/10.95	10.74/10.70	11.72/11.67

注　1．表中分子用于油浸式变压器，分母用于干式变压器，均按 10/0.23/0.4kV 的相保电阻、电抗数据计算。

2．按对地标称电压 U_{nom} 为 220V 计算。

表 3.2 – 7　　施耐德公司 I – LINE H 系列铜母线槽距低压柜 200m 处的预期接地故障电流值

配电变压器容量（kVA）	母线槽额定电流为下列值（A）的预期接地故障电流值（kA）距低压配电柜 200m 处									
	630	800	1000	1250	1600	2000	2500	3200	4000	5000
800	2.17/2.15	2.37/2.34	2.77/2.74	3.64/3.56	3.93/3.84	4.32/4.23	—	—	—	—
1000	2.19/2.18	2.39/2.37	2.80/2.78	3.68/3.63	4.00/3.94	4.40/4.35	5.21/5.14	—	—	—
1250	2.20/2.19	2.41/2.40	2.83/2.82	3.73/3.70	4.06/4.03	4.47/4.44	5.35/5.30	7.87/7.75	—	—
1600	2.22/2.21	2.42/2.41	2.85/2.84	3.78/3.77	4.12/4.09	4.53/4.49	5.43/5.40	8.09/8.00	8.10/8.02	—
2000	2.23/2.22	2.43/2.42	2.86/2.85	3.80/3.79	4.15/4.13	4.57/4.55	5.48/5.46	8.19/8.15	8.20/8.16	8.80/8.70
2500	2.24/2.23	2.45/2.45	2.87/2.87	3.82/3.81	4.18/4.16	4.58/4.57	5.52/5.51	8.30/8.29	8.32/8.31	8.94/8.90

注　1. 表中分子用于油浸式变压器，分母用于干式变压器，均按 10/0.23/0.4kV 的相保电阻、电抗数据计算。

2. 按对地标称电压 U_{nom} 为 220V 计算。

表 3.2 –8　　施耐德公司 I – LINE H 系列铜母线槽距低压柜 300m 处的预期接地故障电流值

配电变压器容量（kVA）	母线槽额定电流为下列值（A）的预期接地故障电流值（kA）距低压配电柜 300m 处									
	630	800	1000	1250	1600	2000	2500	3200	4000	5000
800	1.49/1.48	1.64/1.63	1.92/1.91	2.53/2.50	2.75/2.71	3.02/2.98	—	—	—	—
1000	1.49/1.49	1.65/1.64	1.93/1.92	2.56/2.54	2.78/2.75	3.06/3.03	3.66/3.62	—	—	—
1250	1.50/1.50	1.66/1.65	1.94/1.93	2.58/2.56	2.81/2.79	3.09/3.07	3.71/3.58	5.14/5.08	—	—
1600	1.51/1.51	1.67/1.66	1.95/1.94	2.60/2.59	2.83/2.82	3.12/3.11	3.75/3.73	5.24/5.19	5.60/5.53	—
2000	1.51/1.51	1.67/1.67	1.96/1.95	2.61/2.60	2.85/2.84	3.14/3.13	3.77/3.76	5.30/5.27	5.67/5.63	6.20/6.16
2500	1.52/1.52	1.68/1.68	1.97/1.97	2.63/2.63	2.86/2.86	3.15/3.15	3.79/3.79	5.34/5.33	5.72/5.70	6.25/6.23

注　1. 表中分子用于油浸式变压器，分母用于干式变压器，均按 10/0.23/0.4kV 的相保电阻、电抗数据计算。

2. 按对地标称电压 U_{nom} 为 220V 计算。

表 3.2－9　　施耐德公司 I－LINE B 系列铜母线槽距低压柜 100m 处的预期接地故障电流值

配电变压器容量（kVA）	母线槽额定电流为下列值（A）的预期接地故障电流值（kA）距低压配电柜 100m 处									
	630	800	1000	1250	1600	2000	2500	3200	4000	5000
800	—	3.18/3.13	3.55/3.49	4.80/4.67	5.33/5.17	5.95/5.72	—	—	—	—
1000	—	3.22/3.18	3.60/3.55	4.91/4.80	5.47/5.36	6.16/6.02	8.45/8.15	—	—	—
1250	—	3.27/3.24	3.65/3.61	5.00/4.94	5.59/5.52	6.32/6.20	8.78/8.57	11.11/10.66	—	—
1600	—	3.30/3.28	3.68/3.65	5.06/5.03	5.68/5.64	6.45/6.38	9.07/8.89	11.63/11.25	13.87/13.34	—
2000	—	3.32/3.31	3.71/3.70	5.11/5.09	5.75/5.73	6.54/6.49	9.21/9.13	11.90/11.70	14.21/13.96	15.17/14.87
2500	—	3.34/3.34	3.73/3.72	5.13/5.12	5.80/5.80	6.61/6.60	9.33/9.32	12.12/12.08	14.56/14.50	15.57/15.50

注　1. 表中分子用于油浸式变压器，分母用于干式变压器，均按 10/0.23/0.4kV 的相保电阻、电抗数据计算。

2. 按对地标称电压 U_{nom} 为 220V 计算。

表 3.2－10　　施耐德公司 I－LINE B 系列铜母线槽距低压柜 150m 处的预期接地故障电流值

配电变压器容量（kVA）	母线槽额定电流为下列值（A）的预期接地故障电流值（kA）距低压配电柜 150m 处									
	630	800	1000	1250	1600	2000	2500	3200	4000	5000
800	—	2.34/2.31	2.61/2.58	3.56/3.50	3.90/3.82	4.18/4.06	—	—	—	—
1000	—	2.37/2.35	2.64/2.63	3.63/3.60	4.00/3.94	4.30/4.22	6.26/6.12	—	—	—
1250	—	2.41/2.39	2.70/2.67	3.72/3.69	4.10/4.06	4.46/4.37	6.54/6.41	8.32/8.06	—	—
1600	—	2.43/2.42	2.72/2.70	3.76/3.74	4.16/4.13	4.53/4.47	6.69/6.61	8.60/8.42	10.28/10.03	—
2000	—	2.45/2.44	2.73/2.72	3.80/3.79	4.20/4.18	4.58/4.56	6.79/6.76	8.80/8.72	10.54/10.44	11.36/11.23
2500	—	2.46/2.45	2.74/2.73	3.83/3.82	4.24/4.23	4.63/4.62	6.90/6.89	8.98/8.96	10.83/10.80	11.68/11.65

注　1. 表中分子用于油浸式变压器，分母用于干式变压器，均按 10/0.23/0.4kV 的相保电阻、电抗数据计算。

2. 按对地标称电压 U_{nom} 为 220V 计算。

表 3.2－11　施耐德公司 I－LINE B 系列铜母线槽距低压柜 200m 处的预期接地故障电流值

配电变压器容量（kVA）	母线槽额定电流为下列值（A）的预期接地故障电流值（kA）距低压配电柜 200m 处									
	630	800	1000	1250	1600	2000	2500	3200	4000	5000
800	—	1.73/1.72	1.93/1.91	2.68/2.65	2.96/2.92	3.36/3.30	—	—	—	—
1000	—	1.74/1.73	1.95/1.93	2.71/2.69	3.00/2.97	3.42/3.39	4.84/4.78	—	—	—
1250	—	1.75/1.74	1.96/1.95	2.74/2.73	3.03/3.02	3.46/3.43	4.94/4.89	6.40/6.29	—	—
1600	—	1.76/1.76	1.97/1.97	2.76/2.75	3.06/3.05	3.50/3.48	5.02/4.98	6.52/6.45	7.98/7.85	—
2000	—	1.77/1.77	1.97/1.97	2.77/2.77	3.08/3.07	3.53/3.52	5.06/5.04	6.61/6.57	8.08/8.02	8.72/8.60
2500	—	1.78/1.78	1.98/1.98	2.78/2.78	3.09/3.09	3.55/3.55	5.09/5.09	6.68/6.67	8.18/8.17	8.84/8.83

注　1. 表中分子用于油浸式变压器，分母用于干式变压器，均按 10/0.23/0.4kV 的相保电阻、电抗数据计算。

2. 按对地标称电压 U_{nom} 为 220V 计算。

表 3.2－12　施耐德公司 I－LINE B 系列铜母线槽距低压柜 300m 处的预期接地故障电流值

配电变压器容量（kVA）	母线槽额定电流为下列值（A）的预期接地故障电流值（kA）距低压配电柜 300m 处									
	630	800	1000	1250	1600	2000	2500	3200	4000	5000
800	—	1.19/1.18	1.33/1.32	1.85/1.84	2.05/2.04	2.37/2.35	—	—	—	—
1000	—	1.20/1.19	1.34/1.33	1.87/1.86	2.07/2.06	2.40/2.38	3.37/3.35	—	—	—
1250	—	1.21/1.20	1.34/1.33	1.88/1.87	2.08/2.08	2.42/2.41	3.42/3.41	4.50/4.46	—	—
1600	—	1.21/1.20	1.35/1.34	1.89/1.88	2.09/2.09	2.44/2.43	3.45/3.44	4.57/4.55	5.57/5.52	—
2000	—	1.22/1.21	1.35/1.35	1.90/1.89	2.10/2.10	2.45/2.45	3.47/3.46	4.60/4.59	5.62/5.60	6.07/6.04
2500	—	1.22/1.22	1.36/1.36	1.91/1.91	2.11/2.11	2.46/2.46	3.49/3.49	4.63/4.62	5.67/5.67	6.12/6.12

注　1. 表中分子用于油浸式变压器，分母用于干式变压器，均按 10/0.23/0.4kV 的相保电阻、电抗数据计算。

2. 按对地标称电压 U_{nom} 为 220V 计算。

表 3.2－13　　西门子公司 XLC－Ⅲ型铜母线槽距低压柜 100m 处的预期接地故障电流值

配电变压器容量（kVA）	母线槽额定电流为下列值（A）的预期接地故障电流值（kA）距低压配电柜 100m 处									
	630	800	1000	1250	1600	2000	2500	3200	4000	5000
800	3.01/2.98	3.76/3.67	4.63/4.52	5.96/5.75	6.76/6.57	7.92/7.60	—	—	—	—
1000	3.07/3.04	3.83/3.78	4.80/4.71	6.18/6.02	7.09/6.85	8.41/8.01	10.48/9.85	—	—	—
1250	3.14/3.11	3.94/3.89	4.98/4.90	6.48/6.32	7.51/7.26	9.04/8.61	11.50/10.81	13.27/12.30	—	—
1600	3.17/3.15	4.00/3.98	5.07/5.04	6.63/6.53	7.72/7.56	9.37/8.65	12.03/11.57	14.00/13.32	16.13/15.22	—
2000	3.19/3.18	4.03/4.01	5.13/5.10	6.74/6.70	7.87/7.78	9.61/9.47	12.43/12.20	14.55/14.20	16.86/16.40	20.62/19.88
2500	3.22/3.21	4.07/4.06	5.19/5.17	6.86/6.84	8.03/8.00	9.85/9.81	12.84/12.76	15.13/15.02	17.65/17.51	21.84/21.60

注　1．表中分子用于油浸式变压器，分母用于干式变压器，均按 10/0.23/0.4kV 的相保电阻、电抗数据计算。

2．按对地标称电压 U_{nom} 为 220V 计算。

表 3.2－14　　西门子公司 XLC－Ⅲ型铜母线槽距低压柜 150m 处的预期接地故障电流值

配电变压器容量（kVA）	母线槽额定电流为下列值（A）的预期接地故障电流值（kA）距低压配电柜 150m 处									
	630	800	1000	1250	1600	2000	2500	3200	4000	5000
800	2.08/2.06	2.61/2.58	3.29/3.23	4.26/4.16	4.93/4.76	5.91/5.65	—	—	—	—
1000	2.11/2.09	2.65/2.62	3.35/3.30	4.38/4.33	5.09/5.00	6.16/5.95	7.88/7.56	—	—	—
1250	2.13/2.11	2.70/2.67	3.43/3.40	4.52/4.40	5.29/5.18	6.48/6.28	8.40/8.08	9.87/9.39	—	—
1600	2.15/2.13	2.73/2.71	3.47/3.45	4.60/4.55	5.39/5.32	6.64/6.51	8.68/8.57	10.26/9.94	12.00/11.56	—
2000	2.17/2.16	2.75/2.74	3.51/3.49	4.64/4.61	5.47/5.43	6.75/6.70	8.87/8.77	10.54/10.38	12.37/12.17	15.56/15.21
2500	2.19/2.18	2.77/2.76	3.54/3.53	4.67/4.65	5.54/5.52	6.87/6.85	9.08/9.05	10.83/10.79	12.78/12.71	16.22/16.11

注　1．表中分子用于油浸式变压器，分母用于干式变压器，均按 10/0.23/0.4kV 的相保电阻、电抗数据计算。

2．按对地标称电压 U_{nom} 为 220V 计算。

表 3.2－15　　西门子公司 XLC－Ⅲ型铜母线槽距低压柜 200m 处的预期接地故障电流值

配电变压器容量（kVA）	母线槽额定电流为下列值（A）的预期接地故障电流值（kA）距低压配电柜 200m 处									
	630	800	1000	1250	1600	2000	2500	3200	4000	5000
800	1.59/1.57	2.00/1.98	2.53/2.49	3.32/3.26	3.87/3.76	4.69/4.54	—	—	—	—
1000	1.61/1.59	2.02/2.00	2.57/2.55	3.39/3.35	3.96/3.90	4.85/4.74	6.29/6.11	—	—	—
1250	1.62/1.60	2.05/2.03	2.62/2.59	3.47/3.43	4.08/4.00	5.04/4.93	6.61/6.43	7.84/7.56	—	—
1600	1.63/1.62	2.07/2.05	2.64/2.62	3.51/3.49	4.14/4.10	5.13/5.06	6.77/6.65	8.08/7.90	9.51/9.27	—
2000	1.64/1.63	2.08/2.06	2.66/2.64	3.54/3.52	4.18/4.14	5.20/5.15	6.88/6.83	8.24/8.16	9.74/9.64	12.44/12.24
2500	1.65/1.64	2.09/2.07	2.68/2.66	3.58/3.55	4.23/4.19	5.27/5.22	7.00/6.94	8.42/8.34	9.98/9.88	12.85/12.66

注　1. 表中分子用于油浸式变压器，分母用于干式变压器，均按 10/0.23/0.4kV 的相保电阻、电抗数据计算。

2. 按对地标称电压 U_{nom} 为 220V 计算。

表 3.2－16　　西门子公司 XLC－Ⅲ型铜母线槽距低压柜 300m 处的预期接地故障电流值

配电变压器容量（kVA）	母线槽额定电流为下列值（A）的预期接地故障电流值（kA）距低压配电柜 300m 处									
	630	800	1000	1250	1600	2000	2500	3200	4000	5000
800	1.08/1.07	1.36/1.35	1.74/1.72	2.30/2.27	2.70/2.65	3.32/3.25	—	—	—	—
1000	1.09/1.08	1.37/1.36	1.75/1.74	2.33/2.31	2.74/2.70	3.40/3.35	4.47/4.39	—	—	—
1250	1.09/1.08	1.38/1.37	1.77/1.76	2.37/2.35	2.79/2.75	3.49/3.44	4.62/4.54	5.54/5.42	—	—
1600	1.10/1.09	1.39/1.38	1.79/1.78	2.39/2.37	2.82/2.78	3.53/3.48	4.70/4.63	5.65/5.57	6.71/6.61	—
2000	1.11/1.10	1.40/1.39	1.80/1.79	2.40/2.38	2.83/2.81	3.56/3.51	4.76/4.71	5.73/5.68	6.82/6.77	8.84/8.76
2500	1.12/1.11	1.41/1.40	1.81/1.80	2.41/2.39	2.85/2.83	3.59/3.55	4.80/4.75	5.81/5.76	6.93/6.88	9.03/9.00

注　1. 表中分子用于油浸式变压器，分母用于干式变压器，均按 10/0.23/0.4kV 的相保电阻、电抗数据计算。

2. 按对地标称电压 U_{nom} 为 220V 计算。

表 3.2－17　**ABB 公司 Lmax－C 系列铜母线槽距低压柜 100m 处的预期接地故障电流值**

配电变压器容量（kVA）	母线槽额定电流为下列值（A）的预期接地故障电流值（kA）距低压配电柜 100m 处									
	630	800	1000	1250	1600	2000	2500	3200	4000	5000
800	8.30/7.70	9.00/8.53	10.50/9.60	11.10/10.00	12.80/11.32	14.30/12.40	—	—	—	—
1000	8.80/8.33	9.90/9.30	11.46/10.60	12.10/11.10	14.40/12.85	16.20/14.25	17.55/15.10	—	—	—
1250	9.22/8.85	10.56/10.10	12.32/11.56	13.20/12.68	15.60/14.50	18.10/16.30	19.80/17.45	22.40/19.50	—	—
1600	9.65/9.35	11.10/10.72	13.15/12.54	14.30/13.50	17.40/15.90	20.30/18.55	22.50/20.20	24.80/22.10	25.50/22.40	—
2000	9.85/9.72	11.45/11.21	13.60/12.90	14.85/14.30	18.10/17.45	21.45/20.30	23.90/22.30	27.00/24.90	27.40/25.10	31.00/25.80
2500	10.10/10.00	11.75/11.60	13.90/13.80	15.35/15.20	19.10/18.75	22.60/22.10	25.50/24.70	29.00/28.30	29.30/28.40	33.60/32.30

注　1．表中分子用于油浸式变压器，分母用于干式变压器，均按 10/0.23/0.4kV 的相保电阻、电抗数据计算。

2．按对地标称电压 U_{nom} 为 220V 计算。

表 3.2－18　**ABB 公司 Lmax－C 系列铜母线槽距低压柜 150m 处的预期接地故障电流值**

配电变压器容量（kVA）	母线槽额定电流为下列值（A）的预期接地故障电流值（kA）距低压配电柜 150m 处									
	630	800	1000	1250	1600	2000	2500	3200	4000	5000
800	6.18/5.85	7.03/6.65	8.20/7.65	8.82/8.10	10.50/9.50	12.10/10.70	—	—	—	—
1000	6.33/6.21	7.41/7.10	8.70/8.25	9.45/8.80	11.50/10.50	13.35/12.05	14.75/13.10	—	—	—
1250	6.62/6.45	7.70/7.45	9.12/8.81	9.95/9.50	12.30/11.50	14.55/13.40	16.30/14.73	18.80/16.90	—	—
1600	6.82/6.74	8.00/7.85	9.55/9.32	10.50/10.15	13.20/12.55	15.80/14.83	17.90/16.60	20.95/18.80	21.00/18.95	—
2000	6.95/6.91	8.20/8.05	9.82/9.63	10.83/10.60	13.70/13.26	16.46/15.85	18.85/17.93	22.10/20.75	22.20/20.90	26.20/24.25
2500	7.08/7.05	8.32/8.30	10.00/9.97	11.10/11.04	14.10/14.00	17.10/16.90	19.70/19.36	23.30/22.70	23.40/22.90	27.90/27.10

注　1．表中分子用于油浸式变压器，分母用于干式变压器，均按 10/0.23/0.4kV 的相保电阻、电抗数据计算。

2．按对地标称电压 U_{nom} 为 220V 计算。

表 3.2－19　ABB 公司 Lmax－C 系列铜母线槽距低压柜 200m 处的预期接地故障电流值

配电变压器容量（kVA）	母线槽额定电流为下列值（A）的预期接地故障电流值（kA）距低压配电柜 200m 处									
	630	800	1000	1250	1600	2000	2500	3200	4000	5000
800	4.90/4.74	5.67/5.43	6.69/6.34	7.27/6.82	8.91/8.20	10.36/9.42	—	—	—	—
1000	5.05/4.92	5.88/5.70	7.00/6.73	7.68/7.30	9.54/8.92	11.25/10.40	12.65/11.50	—	—	—
1250	5.19/5.10	6.08/5.93	7.28/7.07	8.05/7.64	10.12/9.60	12.08/11.34	13.80/12.72	16.10/13.97	—	—
1600	5.31/5.24	6.26/6.15	7.55/7.38	8.40/8.15	10.68/10.26	12.90/12.30	14.90/14.02	17.50/16.10	17.80/16.42	—
2000	5.38/5.33	6.35/6.28	7.68/7.58	8.58/8.42	11.00/10.72	13.35/12.95	15.55/14.93	18.40/17.35	18.70/17.75	22.50/21.20
2500	5.44/5.40	6.43/6.41	7.80/7.77	8.74/8.68	11.26/11.15	13.74/13.60	16.10/15.90	19.20/18.70	19.60/19.14	23.90/23.30

注　1．表中分子用于油浸式变压器，分母用于干式变压器，均按 10/0.23/0.4kV 的相保电阻、电抗数据计算。

2．按对地标称电压 U_{nom} 为 220V 计算。

表 3.2－20　ABB 公司 Lmax－C 系列铜母线槽距低压柜 300m 处的预期接地故障电流值

配电变压器容量（kVA）	母线槽额定电流为下列值（A）的预期接地故障电流值（kA）距低压配电柜 300m 处									
	630	800	1000	1250	1600	2000	2500	3200	4000	5000
800	3.46/3.38	4.05/3.93	4.79/4.69	5.36/5.12	6.73/6.35	8.03/7.50	—	—	—	—
1000	3.52//3.47	4.15/4.07	5.00/4.87	5.56/5.37	7.06/6.75	8.52/8.06	9.84/9.16	—	—	—
1250	3.60/3.55	4.24/4.18	5.14/5.04	5.74/5.60	7.37/7.11	8.96/8.58	10.47/9.89	12.40/11.80	—	—
1600	3.64/3.58	4.33/4.28	5.26/5.19	5.92/5.80	7.66/7.45	9.38/9.09	11.10/10.62	13.10/12.50	13.60/12.83	—
2000	3.68/3.66	4.37/4.33	5.33/5.28	6.00/5.93	7.81/7.68	9.60/9.42	11.42/11.11	13.55/13.10	14.10/13.57	17.60/16.80
2500	3.71/3.70	4.41/4.40	5.38/5.37	6.08/6.05	7.93/7.89	9.80/9.73	11.70/11.60	14.10/13.80	14.60/14.40	18.36/18.04

注　1．表中分子用于油浸式变压器，分母用于干式变压器，均按 10/0.23/0.4kV 的相保电阻、电抗数据计算。

2．按对地标称电压 U_{nom} 为 220V 计算。

表 3.2－21　变电站低压配电柜母线处（引出馈电线路首端）的接地故障电流值（I_d）　（kA）

配电变压器容量（kVA）	800	1000	1250	1600	2000	2500
油浸式变压器	20.52	25.13	31.38	40.60	43.16	48.95
干式变压器	16.32	20.14	25.24	32.26	37.65	46.04

注　1．低压侧对地标称电压 U_{nom} 按 220V 计。
　　2．高压侧短路容量按 300MVA 计。

b．采用内插法求得的 I_d 值，乘以系数 0.9：如 170m 可按 150m 和 200m 的 I_d 值用内插法求得 I_d 值再乘以系数 0.9，其值偏于安全。

（5）应用示例。

示例 1 某多层公建，在竖井内装设 800A 母线槽（珠海光乐公司产品），计算电流 I_c 为 600A，树干式配电系统首端用额定电流为 630A 的断路器（MCCB），其瞬时脱扣器最大电流为 6300A，从母线槽接出 12 个分干线到各层，距离低压柜 120m 处分支配电箱故障时，故障电流 I_d 值为多少？MCCB 切断故障是否符合要求？系统示于图 3.2－1。

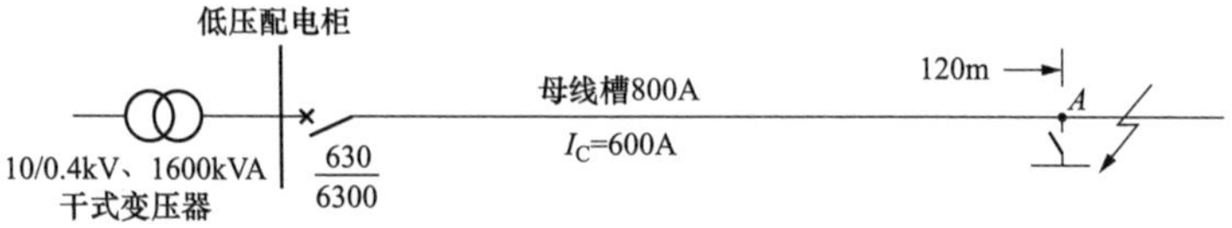

图 3.2－1　配电系统示例图 1

解：求 A 点的故障电流 I_d（A）：（A 点接出到配电箱的距离很小，忽略不计）查表 3.2－1 和表 3.2－2：1600kVA 干式变压器、800A 母线槽，100m 处 I_d＝5.74kA，150m 处 I_d=3.99kA。用内插法求得 120m A 点处的 I_d（A），并乘以系数 0.9，得 I_d（A）$=\left\{5.74-\left[\frac{5.74-3.99}{150-100}\times(120-100)\right]\right\}\times0.9\approx4.54\,(\text{kA})$。

母线槽首端 MCCB 的 I_{set3} 为 6300A，显然不能满足 $I_d\geqslant1.3I_{set3}$ 的故障防护要求。

分析：此方案不合理在于母线槽首端设计了一台非选择型断路器，一是造成非选择性切断；二是难以满足远端故障自动切断要求。

示例 2 某机械加工厂房装设 1250A 母线槽（珠海光乐公司产品）树干式配电系统，接出 15 个分干线，首端用选择型 4 段保护断路器，各段保护整定电流及时间标示于图 3.2－2，末端距低压柜 190m 处故障电流 I_d 值为多少？

断路器是否能按规定时间切断电源？

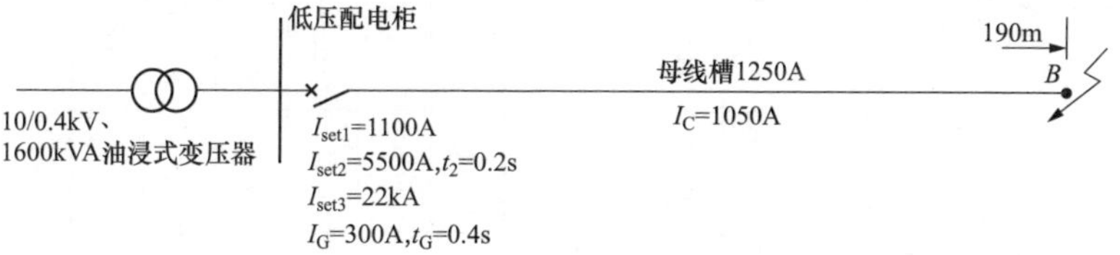

图 3.2－2　配电系统示例图 2

解：求距低压配电柜 190m 处 B 点的故障电流 $I_{d(B)}$：查表 3.2－3，1600kVA 油浸式变压器，1250A 母线槽，200m 处 I_d = 5.23kA，190m 处 B 点的 $I_{d(B)}$ 近似按 5.23kA 计（实际略大）。

首端选择型断路器的接地故障脱扣整定值 I_G 为 300A，完全满足自动切断要求。

分析：

第一，由于选用了选择型断路器，能满足故障时切断的灵敏度和选择性要求，但价高。

第二，I_G 的整定值并非越小越好，通常整定在几百安培，足够满足故障时切断灵敏度要求，而 I_G 整定值太小，容易导致同下级保护电器非选择性动作。

第三，更重要的是接地故障保护必须要有较大延时（如 I_G 为 0.4s），以保证同下级熔断器之间的选择性动作。

3.3　母线槽和电缆（含穿管导线）的相保阻抗等效折算

（1）折算目的：采用母线槽作配电干线，通常需要接出若干分支干线到配电箱，采用电缆或绝缘穿管导线（或槽盒内）作放射式配电；当运用查表法（《低压配电设计解析》表 5.4－7～表 5.4－11）求取接地故障电流时，必须把母线槽的相保阻抗等效折算到与电缆或导线相同截面积的阻抗，方能用查表法获取故障电流值，为此编制相应的折算系数表是十分必要的。

（2）折算原则：按相保阻抗等效的原则折算，使得求出任一点的故障电流是相同的或近似的。

（3）编制折算系数：按上述原则编制了四家企业五种类型母线槽产品折算到各种截面积电缆（或导线）的折算系数，列于表 3.3－1～表 3.3－5。

表 3.3－1　　珠海光乐公司铜母线槽按相保回路阻抗等效原则折算到电缆、电线的折算系数

电缆、电线的截面积（mm^2）		母线槽的额定电流（A）为下列值的折算系数									
相	PE	630	800	1000	1250	1600	2000	2500	3200	4000	5000
6	6	0.053/—	0.040/—	0.032/—	0.023/—	0.018/—	0.014/—	0.012/—	0.008/—	0.006/—	0.005/—
10	10	0.087/0.053	0.065/0.040	0.051/0.031	0.037/0.023	0.028/0.018	0.023/0.014	0.020/0.012	0.012/0.008	0.009/0.006	0.007/0.005
16	16	0.139/0.085	0.104/0.064	0.082/0.050	0.059/0.036	0.045/0.028	0.037/0.023	0.031/0.019	0.019/0.012	0.015/0.009	0.011/0.007
25	16	0.169/0.103	0.127/0.078	0.100/0.061	0.072/0.044	0.055/0.034	0.045/0.028	0.038/0.024	0.023/0.014	0.018/0.011	0.014/0.009
35	16	0.190/0.116	0.142/0.087	0.112/0.069	0.081/0.050	0.062/0.038	0.050/0.031	0.043/0.026	0.026/0.016	0.020/0.012	0.015/0.010
50	25	0.286/0.176	0.215/0.132	0.169/0.104	0.122/0.075	0.093/0.057	0.076/0.047	0.065/0.040	0.039/0.024	0.030/0.019	0.023/0.014
70	35	0.399/0.245	0.299/0.184	0.235/0.145	0.170/0.104	0.129/0.080	0.106/0.065	0.090/0.055	0.054/0.033	0.042/0.026	0.032/0.020
95	50	0.552/0.343	0.414/0.257	0.325/0.202	0.234/0.146	0.179/0.111	0.146/0.091	0.124/0.077	0.074/0.046	0.057/0.036	0.044/0.028
120	70	0.738/0.460	0.553/0.345	0.435/0.271	0.313/0.195	0.239/0.149	0.195/0.122	0.166/0.103	0.100/0.062	0.077/0.048	0.059/0.037
150	70	0.792/0.496	0.593/0.372	0.467/0.292	0.336/0.211	0.256/0.160	0.209/0.131	0.178/0.111	0.107/0.067	0.082/0.052	0.063/0.040
185	95	1.000/0.640	0.747/0.480	0.587/0.377	0.423/0.272	0.322/0.207	0.263/0.169	0.224/0.144	0.134/0.086	0.103/0.067	0.079/0.051
240	120	1.214/0.800	0.910/0.600	0.715/0.471	0.515/0.339	0.392/0.258	0.320/0.211	0.273/0.180	0.163/0.108	0.126/0.083	0.097/0.064

注　1. 表中分子为铜芯电缆的折算系数，分母为铝芯电缆的折算系数。

2. 本表按电缆的相保阻抗编制，可用于绝缘电线穿钢管敷设的线路，但绝缘导线截面积不小于 $120mm^2$ 时，折算系数应乘以系数 0.98。

3. 珠海光乐公司铜母线槽按极限温升≤90K 的数据设定。

表 3.3-2　　施耐德公司 **I-LINE H** 系列母线槽按相保回路阻抗等效原则折算到电缆、电线的折算系数

电缆、电线的截面积（mm^2）		母线槽的额定电流（A）为下列值的折算系数									
相	PE	630	800	1000	1250	1600	2000	2500	3200	4000	5000
6	6	0.054/—	0.049/—	0.041/—	0.031/—	0.028/—	0.026/—	0.021/—	0.014/—	0.013/—	0.012/—
10	10	0.088/0.054	0.080/0.049	0.068/0.040	0.051/0.031	0.046/0.028	0.042/0.026	0.035/0.021	0.023/0.014	0.022/0.013	0.020/0.012
16	16	0.140/0.086	0.127/0.079	0.108/0.066	0.081/0.049	0.074/0.045	0.067/0.041	0.056/0.034	0.036/0.022	0.035/0.021	0.033/0.020
25	16	0.171/0.104	0.156/0.095	0.132/0.080	0.098/0.060	0.090/0.055	0.082/0.050	0.068/0.043	0.044/0.027	0.043/0.026	0.040/0.024
35	16	0.192/0.117	0.175/0.107	0.148/0.091	0.111/0.068	0.101/0.062	0.092/0.056	0.076/0.047	0.050/0.031	0.049/0.030	0.045/0.027
50	25	0.290/0.178	0.264/0.162	0.224/0.137	0.167/0.103	0.153/0.094	0.138/0.085	0.115/0.070	0.075/0.046	0.074/0.045	0.067/0.041
70	35	0.405/0.249	0.368/0.226	0.312/0.192	0.233/0.143	0.213/0.131	0.193/0.118	0.160/0.098	0.105/0.065	0.102/0.063	0.094/0.058
95	50	0.506/0.347	0.510/0.316	0.432/0.268	0.322/0.200	0.295/0.183	0.267/0.165	0.222/0.138	0.146/0.090	0.142/0.088	0.130/0.080
120	70	0.749/0.467	0.681/0.424	0.577/0.360	0.431/0.269	0.394/0.246	0.357/0.222	0.300/0.185	0.195/0.121	0.190/0.118	0.173/0.108
150	70	0.804/0.503	0.730/0.457	0.619/0.387	0.463/0.290	0.423/0.264	0.383/0.240	0.318/0.200	0.210/0.131	0.204/0.127	0.186/0.116
185	95	1.011/0.649	0.919/0.590	0.780/0.500	0.582/0.374	0.532/0.341	0.481/0.310	0.400/0.257	0.263/0.170	0.256/0.164	0.234/0.150
240	120	1.232/0.811	1.120/0.737	0.950/0.625	0.709/0.467	0.648/0.426	0.587/0.386	0.490/0.321	0.320/0.211	0.312/0.200	0.285/0.188

注　1. 表中分子为铜芯电缆的折算系数，分母为铝芯电缆的折算系数。

2. 本表按电缆的相保阻抗编制，可用于绝缘电线穿钢管敷设的线路，但绝缘导线截面积不小于 $120mm^2$ 时，折算系数应乘以系数 0.98。

表 3.3－3　　施耐德公司 I－LINE B 系列母线槽按相保回路阻抗等效原则折算到电缆、电线的折算系数

电缆、电线的截面积（mm^2）		母线槽的额定电流（A）为下列值的折算系数									
相	PE	630	800	1000	1250	1600	2000	2500	3200	4000	5000
6	6	—	0.068/—	0.061/—	0.043/—	0.039/—	0.035/—	0.023/—	0.017/—	0.014/—	0.013/—
10	10	—	0.110/0.068	0.100/0.060	0.070/0.043	0.063/0.038	0.056/0.034	0.038/0.023	0.028/0.017	0.023/0.014	0.021/0.012
16	16	—	0.177/0.110	0.158/0.100	0.112/0.068	0.100/0.061	0.090/0.056	0.061/0.037	0.045/0.027	0.036/0.022	0.033/0.020
25	16	—	0.216/0.132	0.193/0.118	0.136/0.083	0.122/0.075	0.110/0.068	0.074/0.045	0.054/0.033	0.044/0.027	0.041/0.025
35	16	—	0.242/0.148	0.217/0.132	0.153/0.094	0.138/0.084	0.125/0.076	0.083/0.051	0.061/0.037	0.050/0.031	0.046/0.028
50	25	—	0.367/0.225	0.328/0.200	0.232/0.142	0.208/0.128	0.187/0.115	0.126/0.077	0.092/0.057	0.075/0.046	0.069/0.042
70	35	—	0.511/0.314	0.456/0.280	0.323/0.200	0.290/0.178	0.262/0.161	0.175/0.108	0.129/0.079	0.105/0.065	0.096/0.059
95	50	—	0.707/0.438	0.632/0.392	0.447/0.278	0.401/0.249	0.361/0.225	0.242/0.150	0.178/0.110	0.146/0.090	0.133/0.083
120	70	—	0.945/0.590	0.844/0.526	0.600/0.373	0.536/0.334	0.484/0.300	0.324/0.202	0.238/0.149	0.195/0.121	0.178/0.111
150	70	—	1.014/0.634	0.906/0.567	0.642/0.402	0.576/0.360	0.517/0.326	0.350/0.218	0.256/0.160	0.209/0.131	0.191/0.120
185	95	—	1.276/0.820	1.140/0.732	0.810/0.520	0.724/0.465	0.652/0.420	0.438/0.281	0.322/0.207	0.263/0.168	0.241/0.155
240	120	—	1.555/1.023	1.390/0.914	0.984/0.647	0.883/0.581	0.790/0.521	0.533/0.351	0.392/0.258	0.320/0.211	0.293/0.193

注　1. 表中分子为铜芯电缆的折算系数，分母为铝芯电缆的折算系数。

2. 本表按电缆的相保阻抗编制，可用于绝缘电线穿钢管敷设的线路，但绝缘导线截面积不小于 $120mm^2$ 时，折算系数应乘以系数 0.98。

表 3.3－4　西门子公司 **XLC－Ⅲ**铜母线槽按相保回路阻抗等效原则折算到电缆、电线的折算系数

电缆、电线的截面积（mm^2）		母线槽的额定电流（A）为下列值的折算系数									
相	PE	630	800	1000	1250	1600	2000	2500	3200	4000	5000
6	6	0.077/—	0.060/—	0.047/—	0.035/—	0.029/—	0.023/—	0.017/—	0.014/—	0.011/—	0.009/—
10	10	0.125/0.077	0.098/0.060	0.076/0.046	0.056/0.034	0.047/0.029	0.037/0.023	0.027/0.017	0.022/0.014	0.019/0.012	0.014/0.009
16	16	0.200/0.122	0.157/0.096	0.122/0.074	0.090/0.055	0.076/0.046	0.060/0.036	0.044/0.027	0.036/0.022	0.030/0.018	0.023/0.014
25	16	0.244/0.149	0.191/0.117	0.148/0.090	0.110/0.067	0.092/0.056	0.073/0.044	0.053/0.033	0.044/0.027	0.036/0.022	0.027/0.017
35	16	0.274/0.168	0.215/0.131	0.166/0.102	0.123/0.075	0.104/0.063	0.082/0.050	0.060/0.037	0.049/0.030	0.041/0.025	0.031/0.019
50	25	0.415/0.254	0.325/0.200	0.251/0.154	0.186/0.114	0.157/0.096	0.123/0.076	0.091/0.056	0.074/0.046	0.062/0.038	0.047/0.029
70	35	0.578/0.355	0.453/0.278	0.350/0.215	0.259/0.159	0.218/0.134	0.172/0.105	0.126/0.078	0.103/0.064	0.086/0.053	0.065/0.040
95	50	0.800/0.496	0.627/0.389	0.485/0.301	0.359/0.226	0.301/0.187	0.238/0.147	0.175/0.108	0.143/0.089	0.119/0.074	0.090/0.056
120	70	1.070/0.667	0.838/0.522	0.648/0.404	0.480/0.300	0.404/0.252	0.318/0.198	0.233/0.146	0.191/0.119	0.159/0.100	0.120/0.075
150	70	1.148/0.718	0.900/0.563	0.696/0.435	0.515/0.322	0.433/0.271	0.341/0.213	0.250/0.157	0.205/0.128	0.171/0.107	0.129/0.081
185	95	1.444/0.927	1.131/0.726	0.875/0.562	0.648/0.416	0.545/0.350	0.429/0.275	0.315/0.202	0.258/0.166	0.215/0.138	0.162/0.104
240	120	1.760/1.158	1.379/0.907	1.067/0.702	0.790/0.520	0.664/0.437	0.523/0.344	0.384/0.253	0.315/0.207	0.261/0.172	0.197/0.130

注　1．表中分子为铜芯电缆的折算系数，分母为铝芯电缆的折算系数。

2．本表按电缆的相保阻抗编制，可用于绝缘电线穿钢管敷设的线路，但绝缘导线截面积不小于 $120mm^2$ 时，折算系数应乘以系数 0.98。

表 3.3－5　**ABB 公司 Lmax－C 铜母线槽按相保回路阻抗等效原则折算到电缆、电线的折算系数**

电缆、电线的截面积（mm^2）		母线槽的额定电流（A）为下列值的折算系数									
相	PE	630	800	1000	1250	1600	2000	2500	3200	4000	5000
6	6	0.033/—	0.028/—	0.023/—	0.019/—	0.015/—	0.012/—	0.010/—	0.009/—	0.008/—	0.006/—
10	10	0.053/0.032	0.044/0.027	0.035/0.022	0.030/0.018	0.022/0.014	0.018/0.011	0.014/0.009	0.012/0.008	0.011/0.007	0.009/0.006
16	16	0.084/0.051	0.070/0.042	0.056/0.034	0.047/0.029	0.036/0.022	0.029/0.018	0.022/0.014	0.019/0.012	0.017/0.011	0.013/0.009
25	16	0.100/0.062	0.084/0.051	0.068/0.042	0.058/0.036	0.043/0.027	0.035/0.022	0.027/0.017	0.024/0.015	0.021/0.013	0.016/0.010
35	16	0.116/0.069	0.095/0.058	0.077/0.047	0.066/0.040	0.049/0.031	0.039/0.024	0.030/0.019	0.026/0.016	0.024/0.015	0.018/0.011
50	25	0.172/0.106	0.141/0.087	0.115/0.070	0.100/0.060	0.073/0.045	0.059/0.036	0.046/0.028	0.040/0.024	0.036/0.022	0.026/0.016
70	35	0.240/0.144	0.200/0.119	0.160/0.096	0.136/0.082	0.102/0.061	0.082/0.050	0.064/0.038	0.055/0.033	0.049/0.030	0.036/0.022
95	50	0.340/0.206	0.280/0.170	0.230/0.138	0.195/0.117	0.150/0.090	0.116/0.070	0.090/0.055	0.078/0.048	0.069/0.042	0.051/0.031
120	70	0.448/0.276	0.369/0.228	0.300/0.184	0.254/0.157	0.190/0.118	0.152/0.094	0.118/0.073	0.105/0.064	0.092/0.057	0.067/0.042
150	70	0.480/0.310	0.394/0.250	0.320/0.202	0.272/0.172	0.203/0.128	0.163/0.103	0.126/0.080	0.110/0.069	0.100/0.061	0.072/0.045
185	95	0.610/0.385	0.500/0.316	0.410/0.256	0.350/0.218	0.260/0.163	0.213/0.130	0.160/0.100	0.140/0.088	0.125/0.078	0.090/0.057
240	120	0.740/0.480	0.610/0.395	0.500/0.325	0.435/0.274	0.325/0.205	0.250/0.164	0.200/0.126	0.170/0.110	0.150/0.100	0.110/0.072

注　1．表中分子为铜芯电缆的折算系数，分母为铝芯电缆的折算系数。

2．本表按电缆的相保阻抗编制，可用于绝缘电线穿钢管敷设的线路，但绝缘导线截面积不小于 $120mm^2$ 时，折算系数应乘以系数 0.98。

（4）应用：母线槽和电缆（或导线）的混合配电系统，需要求得电缆（或导线）某处的故障电流时，按母线槽额定电流和电缆截面积从表 3.3－1～表 3.3－5 中查到相应的折算系数，乘以母线槽实际长度，就得到相当于该电缆截面积的等效长度，即可同该电缆的实际长度相加。

（5）应用示例。

示例 1 某多层公建，在竖井内装设 1600A 母线槽（珠海光乐公司产品）树干式配电，TN－S 系统；在母线槽 100m 处接分支干线 L_{11} 到配电箱 PD11，通过 L_{21} 接到 A 点，线路截面积、长度及保护电器参数标示在图 3.3－1。求 A 点发生接地故障时其保护电器是否能在规定的 5s 内切断？

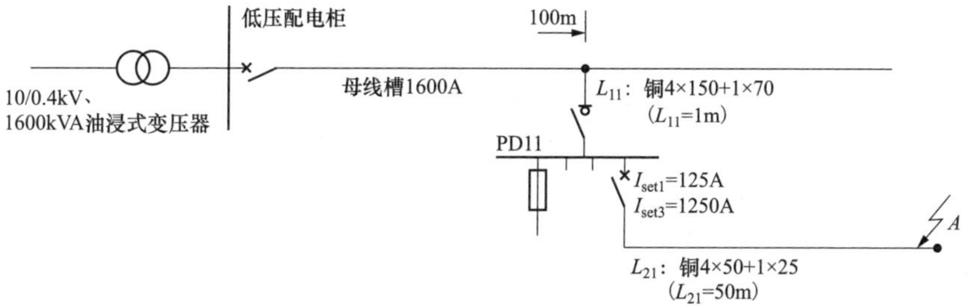

图 3.3－1　配电系统示例图 3

解：将母线槽 1600A 等效折算到线路 L_{21}（近故障点 A）的系数，查表 3.3－1，为 0.093；再将线路 L_{11} 也折算到线路 L_{21} 查《低压配电设计解析》中表 5.4－12，折算系数为 0.35；故障点 A 的等效长度 $= 100 \times 0.093 + 1 \times 0.35 + 50 = 59.65$（m）。

再查《低压配电设计解析》中表 5.4－7，L_{21} 为铜 $4 \times 50 + 1 \times 25$，$I_{set3} = 1250A$ 的最大允许长度为 78m，符合要求，能在规定时间内切断线路 L_{21}。

示例 2 某工业厂房在屋架上装设 1600A 母线槽（珠海光乐公司产品）树干式配电，TN－S 系统；在母线槽 300m 处接出分支干线 L_{11} 到配电箱 PD11，通过 L_{21} 接到 B 点，线路和保护电器参数标示在图 3.3－2，求 B 点发生接地故障时其保护电器是否能在规定的 5s 时间内切断？

解：1）先进行等效折算，同示例 1，故障点 B 的等效长度 $= 300 \times 0.093 + 10 \times 0.35 + 50 = 81.4$（m）。

2）再查《低压配电设计解析》中表 5.4－7：L_{21} 铜 $4 \times 50 + 1 \times 25$，$I_{set3} = 1250A$ 的最大允许长度为 78m，而 B 点的等效长度 81.4m，已超过最大允许长

度，不符合切断电源要求。

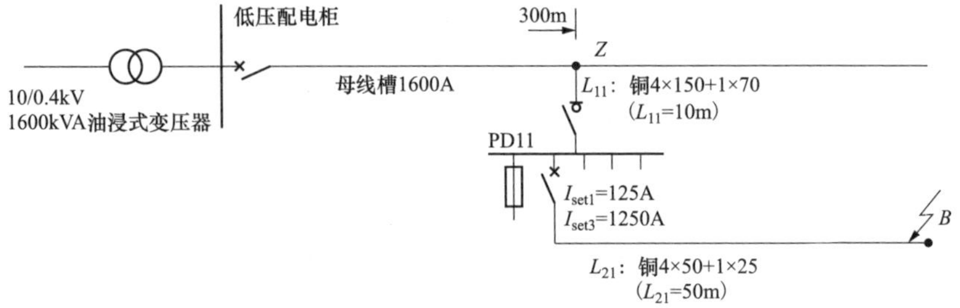

图 3.3－2　配电系统示例图 4

3）应采取的措施：

a．加 RCD，作为 L_{21} 线路的故障防护，是最有效的措施；

b．将 L_{21} 的截面积加大一级，为 4×70＋1×35，再查《低压配电设计解析》中表 5.4－7，则最大允许距离达 110m，符合切断要求；

c．将 L_{21} 首端保护电器选用 125A 的 gG 型熔断器，查《低压配电设计解析》中表 5.4－8，最大允许长度达 178m，可保证在 5s 以内切断。

（6）案例分析。

1）能否满足切断要求，主要取决于故障回路（L_{21}）的长度；其次就是上级线路（母线槽和 L_{11}）容量（或截面积）对故障回路（L_{21}）截面积的比例，以及上级线路的长度。

2）熔断器比断路器（非选择型）更容易满足切断要求，特别是要求在 5s 内切断的回路（分干线和 32A 以上的终端回路除外）更是如此。

3）断路器不能满足切断要求时，加 RCD 是最有效的措施。

4）运用《低压配电设计解析》一书中表 5.4－12 和本节提供的折算系数，就可以快捷运用《低压配电设计解析》中表 5.4－7～表 5.4－11，判断是否满足故障防护的规定，免去了重复计算。

5）必要时，可以按表 3.3－1～表 3.3－5 的折算系数做反折算，如示例 2 中在 PD11 配电箱母线或进线处发生接地故障，通常是将母线槽等效折算到线路 L_{11} 的截面积，再查《低压配电设计解析》中表 5.4－7；但也可将线路 L_{11} 之相保阻抗折算到母线槽，按表 3.3－1～表 3.3－5 的折算系数取倒数，视为故障点在 Z 点（已将 L_{11} 中阻抗加到母线槽），再按表 3.2－1～表 3.2－20 进行考核，其结果是近似的，但很少应用。

4 母线槽配电的短路电流计算

4.1 概述

（1）本章是《低压配电设计解析》6.5 节中关于“馈线用密集式母线槽短路电流（I_k）值”（《低压配电设计解析》中表 6.5－21～表 6.5－28）的修正和补充。

注 本章通称为“母线槽”。

（2）鉴于母线槽的规格是按额定电流标志，各生产企业产品所采用的导电母排的厚度、片数，以及绝缘层和结构存在差异，相同额定电流的母线槽的电阻、电抗值不完全相同，这同电缆、电线用截面积标志不同，在 3.2.1 节第（3）款中已有叙述。

（3）《低压配电设计解析》的表 6.5－21～表 6.5－27 中 I_k 值的问题和修改方法。

1）母线槽采用统一的电阻和电抗值不尽合理，故按各生产企业提供的数据，分别编制 I_k 计算表。

2）原来是按 2016 年 12 月出版的《工业与民用供配电设计手册（第四版）》中母线槽阻抗值编制，本书重新收集 4 家生产企业最新技术数据，更符合当前实际。

4.2 按各企业母线槽阻抗编制短路电流计算表

4.2.1 计算公式和计算条件

4.2.1.1 计算公式

设定的低压配电系统图见图 4.2－1。

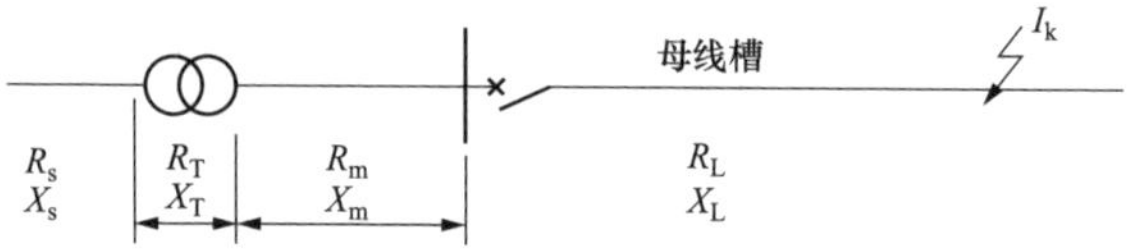

图 4.2－1 低压配电系统图

三相短路电流周期分量有效值 I_k 按式（4.2－1）计算：

$$I_k=\frac{CU/\sqrt{3}}{\sqrt{(\sum R)^2+(\sum X)^2}}=\frac{CU/\sqrt{3}}{\sqrt{(R_s+R_T+R_m+R_L)^2+(X_s+X_T+X_m+X_L)^2}}(\mathrm{kA}) \quad (4.2-1)$$

式中 U——相导体之间的标称电压，V，本节计算表均按 380V 计；

C——电压系数，计算三相短路电流时取 1.05；

R_s、X_s——变压器高压侧系统电阻、电抗（归算到低压侧），mΩ；

R_T、X_T——变压器电阻、电抗，mΩ；

R_m、X_m——变压器出线端子到低压配电柜母线（含柜内母线平均长度）的电阻、电抗，mΩ；

R_L、X_L——馈线用母线槽的电阻，电抗，mΩ。

4.2.1.2 计算条件

（1）R_s、X_s 按高压侧短路容量为 300MVA 计算，其值按《工业与民用供配电设计手册（第四版）》中表 4.6－11 的数据设定。

当高压侧短路容量为 500MVA 或 200MVA 时，可参考使用（以 1000kVA 变压器为例，低压柜出线端短路电流误差不超过 3%，距低压柜 100m 处误差不超过 1%）。

（2）R_T、X_T：

1）按 10/0.4kV 变压器的阻抗计算，20/0.4kV 变压器可参考应用。

2）分别按油浸式变压器和干式变压器计算，两者的阻抗有一些差异；油浸式变压器按 S11—M 和 SH15 型计算，其电阻和电抗取自《工业与民用供配电设计手册（第四版）》表 4.6－12 和表 4.6－14，干式变压器按 SCB11 和 SCBH15 型计算，其电阻和电抗取自《工业与民用供配电设计手册（第四版）》中表 4.6－13 和表 4.6－15。

（3）R_m、X_m：从变压器到低压配电柜的母线长度（计及低压柜内母排的平均估计长度）按 10m 计，该母线的额定电流值按变压器额定电流的 1.386 倍计；其单位长度的电阻、电抗值参照与低压柜引出馈线同类型母线槽的数值。

注　1.368 倍说明见 3.2.2 节（2）4）。

（4）R_L、X_L：鉴于各企业母线槽的阻抗不同，按已收集到的 4 家企业 5 个型号的产品分别编制，其电阻和电抗值列于附录 B。

4.2.2　编制方法

（1）按 4 家企业 5 个型号母线槽分别编制计算表。

（2）按变压器容量从 800kVA 到 2500kVA 共 6 级分别编制计算表。

（3）按不同距离，从低压配电柜起，计算出 0、10、30、60、100、150、200、250、300、350m 共 10 个点的短路电流值。0m 即为变电站的低压配电柜母线处（也代表低压柜接出母线槽的保护电器处）的短路电流值。

4.2.3　计算表

（1）珠海光乐公司母线槽的短路电流计算表列于表 4.2－1～表 4.2－6。

（2）施耐德公司 I－LINE H 系列母线槽的短路电流计算表列于表 4.2－7～表 4.2－12。

（3）施耐德公司 I－LINE B 系列母线槽的短路电流计算表列于表 4.2－13～表 4.2－18。

（4）ABB 公司 Lmax－C 母线槽的短路电流计算表列于表 4.2－19～表 4.2－24。

（5）西门子公司 XLC－Ⅲ母线槽的短路电流计算表列于表 4.2－25～表 4.2－30。

表 4.2－1

10（20）/0.4kV、800kVA 变压器馈线用

珠海光乐公司铜母线槽的短路电流（I_k）值

（kA）

母线槽额定电流（A）	从低压配电柜到短路点为下列距离时的短路电流（I_k）值									
	0m	10m	30m	60m	100m	150m	200m	250m	300m	350m
630	24.8/19.1	22.7/17.8	20.6/15.4	17.1/13.9	14.0/12.6	11.1/10.5	9.0/8.6	7.6/7.4	6.5/6.4	5.7/5.6
800		23.0/18.0	21.4/16.9	18.9/15.5	16.0/13.9	13.3/12.6	11.1/10.8	9.2/9.0	7.9/7.8	6.8/6.7
1000		23.1/18.1	21.9/17.2	19.6/16.4	17.5/14.9	14.9/13.1	12.8/11.7	11.2/10.4	9.9/9.3	8.7/8.5
1250		23.2/18.2	22.4/17.6	20.4/16.7	19.2/16.0	17.0/14.6	15.2/13.3	13.5/12.3	12.2/11.7	11.1/10.9
1600		23.3/18.3	22.7/17.9	21.7/17.3	20.2/16.6	18.5/15.6	17.0/14.5	15.4/13.6	14.2/12.9	13.1/12.5

注 1. 表中分子用于油浸式变压器，分母用于干式变压器。

2. 按珠海光乐公司铜母排厚度 3mm 的母线槽阻抗值编制；铜母排厚度 4、5、6mm 以及铝母线槽，可使用本表数值。

表 4.2－2

10（20）/0.4kV、1000kVA 变压器馈线用

珠海光乐公司铜母线槽的短路电流（I_k）值

（kA）

母线槽额定电流（A）	从低压配电柜到短路点为下列距离时的短路电流（I_k）值									
	0m	10m	30m	60m	100m	150m	200m	250m	300m	350m
630	28.8/22.3	27.2/21.5	24.0/22.0	19.4/17.2	15.1/13.9	11.6/11.4	9.3/9.1	7.8/7.7	6.6/6.5	5.8/5.7
800		27.6/21.6	25.2/20.5	21.9/18.4	17.6/15.8	14.2/13.4	11.5/11.0	9.7/9.4	8.4/8.2	7.4/7.3
1000		27.8/21.7	26.1/20.7	23.1/18.9	19.6/17.2	16.2/14.7	13.6/12.7	11.7/11.1	10.5/9.9	9.1/8.8
1250		28.1/21.8	26.8/21.3	24.2/20.0	21.9/18.7	18.9/16.9	16.5/15.1	14.5/13.7	12.9/12.2	11.6/11.2
1600		28.3/21.9	27.3/21.5	25.4/20.6	23.5/19.6	21.2/18.2	18.8/16.6	17.1/15.3	15.3/13.9	14.0/13.2
2000		28.4/22.0	27.6/21.7	26.4/21.0	24.7/20.3	22.8/19.1	20.8/18.0	19.2/16.9	17.6/15.8	16.3/14.8
2500		28.5/22.1	27.9/21.9	26.8/21.3	25.4/20.6	23.7/19.6	22.0/18.7	20.5/17.7	19.1/16.8	17.8/15.9

注 1. 表中分子用于油浸式变压器，分母用于干式变压器。

2. 按珠海光乐公司铜母排厚度 3mm 的母线槽阻抗值编制；铜母排厚度 4、5、6mm 以及铝母线槽，可使用本表数值。

表 4.2－3

10（20）/0.4kV、1250kVA 变压器馈线用

珠海光乐公司铜母线槽的短路电流（I_k）值

（kA）

母线槽额定电流（A）	从低压配电柜到短路点为下列距离时的短路电流（I_k）值									
	0m	10m	30m	60m	100m	150m	200m	250m	300m	350m
630	34.8/27.5	32.6/26.4	27.9/23.9	21.8/19.7	16.3/15.4	12.2/11.8	9.6/9.4	8.0/7.9	6.8/6.7	6.0/5.9
800		33.2/26.7	29.7/24.9	24.6/21.7	19.4/17.9	15.1/14.4	12.1/11.8	10.2/10.0	8.7/8.6	7.6/7.5
1000		33.6/26.9	30.9/25.5	26.7/23.1	22.0/19.9	17.6/16.5	14.6/13.9	12.4/12.0	10.7/10.4	9.4/9.3
1250		33.9/27.1	32.1/26.1	29.0/24.4	25.1/22.1	21.2/19.3	18.1/16.9	15.7/14.9	13.8/13.2	12.3/11.9
1600		34.1/27.2	32.8/26.4	30.4/25.2	27.4/23.4	23.9/21.2	21.0/19.1	18.6/17.3	16.6/15.7	15.0/14.3
2000		34.3/27.3	33.2/26.7	31.5/25.9	29.1/24.5	26.2/22.7	24.6/21.1	21.4/19.4	19.1/17.4	17.8/16.6
2500		34.4/27.4	33.5/27.0	32.1/26.3	30.1/25.0	27.5/23.6	25.2/22.1	23.1/20.6	21.2/19.3	19.6/18.2

注 1. 表中分子用于油浸式变压器，分母用于干式变压器。

2. 按珠海光乐公司铜母排厚度 3mm 的母线槽阻抗值编制；铜母排厚度 4、5、6mm 以及铝母线槽，可使用本表数值。

表 4.2－4

10（20）/0.4kV、1600kVA 变压器馈线用

珠海光乐公司铜母线槽的短路电流（I_k）值

（kA）

母线槽额定电流（A）	从低压配电柜到短路点为下列距离时的短路电流（I_k）值									
	0m	10m	30m	60m	100m	150m	200m	250m	300m	350m
630	44.4/34.6	40.7/32.7	34.5/28.5	24.5/22.4	17.6/16.7	12.8/12.4	10.1/9.9	8.2/8.1	6.9/6.8	6.0/5.9
800		41.6/33.2	36.0/30.1	28.4/25.2	21.4/19.9	16.1/15.4	12.8/12.4	10.6/10.4	9.1/8.9	7.9/7.8
1000		42.2/33.4	37.5/31.6	31.4/27.3	24.8/22.6	19.2/17.9	15.5/14.9	13.0/12.6	11.1/10.9	9.7/9.6
1250		42.8/33.7	39.7/32.1	34.9/29.4	29.2/25.8	23.7/21.8	19.8/18.6	16.8/16.1	14.6/14.1	12.9/12.6
1600		43.1/33.9	40.8/32.7	37.1/30.8	32.4/27.9	27.4/24.5	23.5/21.6	20.4/19.1	18.0/17.1	16.1/15.5
2000		43.3/34.1	41.6/33.1	38.8/31.7	35.1/29.5	30.8/26.8	27.1/24.3	24.1/22.0	21.4/20.1	19.4/18.3

续表

母线槽额定电流（A）	从低压配电柜到短路点为下列距离时的短路电流（I_k）值									
	0m	10m	30m	60m	100m	150m	200m	250m	300m	350m
2500	44.4/34.6	43.5/34.2	42.1/33.4	39.8/32.2	36.5/30.4	32.7/28.1	29.3/25.8	26.3/23.7	23.8/21.9	21.7/20.2
3200		43.7/34.3	42.6/33.6	40.9/32.8	38.5/31.5	35.4/29.7	32.6/28.1	30.1/26.3	27.6/24.7	25.5/23.2

注 1. 表中分子用于油浸式变压器，分母用于干式变压器。

2. 按珠海光乐公司铜母排厚度 3mm 的母线槽阻抗值编制；铜母排厚度 4、5、6mm 以及铝母线槽，可使用本表数值。

表 4.2－5　10（20）/0.4kV、2000kVA 变压器馈线用珠海光乐公司铜母线槽的短路电流（I_k）值　（kA）

母线槽额定电流（A）	从低压配电柜到短路点为下列距离时的短路电流（I_k）值									
	0m	10m	30m	60m	100m	150m	200m	250m	300m	350m
630	49.6/42.4	45.3/39.6	36.2/33.2	26.0/24.8	18.2/17.8	13.1/12.9	10.2/10.1	8.3/8.2	7.0/6.9	6.1/6.0
800		46.3/40.3	39.3/35.5	30.4/28.5	22.4/21.7	16.6/16.3	13.1/12.9	10.8/10.6	9.2/9.0	7.9/7.8
1000		47.2/40.7	41.3/37.1	33.9/31.4	26.2/25.1	20.0/19.5	16.1/15.7	13.3/13.1	11.3/11.2	9.9/9.8
1250		47.7/41.1	44.0/38.7	38.1/34.6	31.3/29.3	25.1/24.0	20.6/20.1	17.4/17.1	15.1/14.8	13.2/13.1
1600		48.1/41.4	45.6/39.6	40.8/36.6	35.1/32.4	29.2/27.6	24.7/23.8	21.3/20.6	18.6/18.2	16.5/16.3
2000		48.4/41.6	46.3/40.3	42.9/38.1	38.3/34.7	33.1/30.7	28.8/27.2	25.3/24.2	22.5/21.8	20.1/19.7
2500		48.6/41.7	46.9/40.6	44.1/38.8	40.1/36.1	35.4/32.6	31.4/29.4	28.0/26.5	25.1/24.1	22.7/22.0
3200		48.7/41.8	47.5/41.1	45.4/39.7	42.4/37.7	38.8/35.1	35.3/32.5	32.2/30.0	29.5/27.8	27.1/25.8
4000		48.9/41.9	48.0/41.4	46.3/40.3	44.1/38.8	41.1/36.8	38.3/34.8	35.6/32.9	33.1/30.8	30.9/30.0

注 1. 表中分子用于油浸式变压器，分母用于干式变压器。

2. 按珠海光乐公司铜母排厚度 3mm 的母线槽阻抗值编制；铜母排厚度 4、5、6mm 以及铝母线槽，可使用本表数值。

表 4.2－6

10（20）/0.4kV、2500kVA 变压器馈线用
珠海光乐公司铜母线槽的短路电流（I_k）值

（kA）

母线槽额定电流（A）	从低压配电柜到短路点为下列距离时的短路电流（I_k）值									
	0m	10m	30m	60m	100m	150m	200m	250m	300m	350m
630	59.8/51.3	53.6/47.3	40.7/37.8	27.9/26.9	19.0/18.7	13.5/13.3	10.4/10.3	8.4/8.3	7.1/7.0	6.2/6.1
800		55.1/48.4	45.2/41.3	33.3/31.6	23.7/23.1	17.7/17.2	13.4/13.3	11.0/10.9	9.3/9.2	8.1/8.0
1000		56.2/49.1	48.4/43.6	37.8/35.5	28.2/27.2	21.0/20.5	16.6/16.4	13.6/13.5	11.6/11.5	10.1/10.0
1250		57.2/49.7	51.7/46.0	43.4/39.9	34.4/32.6	26.8/25.9	21.7/21.2	18.1/17.9	15.6/15.4	13.6/13.5
1600		57.8/50.1	53.7/47.4	47.2/41.6	39.4/36.8	31.9/30.4	26.5/25.6	22.5/21.9	19.5/19.1	17.1/17.0
2000		58.2/50.3	55.2/48.4	50.2/44.9	43.6/40.1	36.7/34.6	31.3/30.0	27.1/26.2	23.8/23.2	21.1/20.8
2500		58.4/50.5	55.9/48.9	51.8/46.1	46.1/42.0	39.8/37.1	34.5/32.7	30.3/29.1	26.9/26.1	24.1/23.5
3200		58.7/50.7	56.9/49.5	53.8/47.4	49.5/44.4	44.3/40.6	39.6/36.9	35.6/33.6	32.1/30.7	29.2/28.1
4000		58.9/50.8	57.5/49.9	55.2/48.3	51.9/46.1	47.9/42.9	43.7/40.1	40.0/37.2	36.8/34.6	33.9/32.2
5000		59.1/50.9	57.8/50.2	56.0/48.9	53.1/49.6	49.6/44.5	46.1/42.0	42.9/39.5	39.9/37.1	37.1/35.0

注 1. 表中分子用于油浸式变压器，分母用于干式变压器。

2. 按珠海光乐公司铜母排厚度 3mm 的母线槽阻抗值编制；铜母排厚度 4、5、6mm 以及铝母线槽，可使用本表数值。

表 4.2－7

10（20）/0.4kV、800kVA 变压器馈线用
施耐德公司 I－LINE H 系列铜母线槽的短路电流（I_k）值

（kA）

母线槽额定电流（A）	从低压配电柜到短路点为下列距离时的短路电流（I_k）值									
	0m	10m	30m	60m	100m	150m	200m	250m	300m	350m
630	24.8/19.1	22.6/17.4	20.5/16.6	17.4/14.5	14.2/12.6	11.5/10.5	9.1/8.8	7.9/7.7	6.8/6.7	6.0/5.9
800		22.7/17.7	20.8/16.9	18.3/15.1	15.3/13.3	12.9/11.5	10.6/9.8	9.2/8.6	8.0/7.6	7.2/7.0

续表

母线槽额定电流（A）	从低压配电柜到短路点为下列距离时的短路电流（I_k）值									
	0m	10m	30m	60m	100m	150m	200m	250m	300m	350m
1000	24.8/19.1	22.9/17.9	21.5/17.1	19.2/16.0	17.0/14.5	14.6/12.9	12.5/11.4	11.1/10.3	9.8/9.2	8.9/8.6
1250		23.1/18.1	22.0/17.3	20.5/16.6	18.5/15.4	16.4/14.1	14.5/12.8	13.1/11.5	11.8/10.7	10.9/10.1
1600		23.3/18.2	22.5/17.5	21.4/17.1	20.0/16.3	18.3/15.3	16.7/14.3	15.4/13.4	14.2/12.5	13.1/11.8

注　表中分子用于油浸式变压器，分母用于干式变压器。

表 4.2－8　10（20）/0.4kV、1000kVA 变压器馈线用
施耐德公司 I－LINE H 系列铜母线槽的短路电流（I_k）值　（kA）

母线槽额定电流（A）	从低压配电柜到短路点为下列距离时的短路电流（I_k）值									
	0m	10m	30m	60m	100m	150m	200m	250m	300m	350m
630	28.8/22.3	27.2/21.5	23.9/19.9	20.7/18.0	15.3/14.1	11.9/11.5	9.6/9.4	8.1/8.0	6.9/6.8	6.1/6.0
800		27.3/21.6	24.4/20.1	21.3/18.5	16.8/15.0	13.5/12.6	11.2/10.6	9.5/9.2	8.2/8.0	7.3/7.2
1000		27.7/21.8	25.5/20.6	22.8/19.2	19.1/16.7	16.3/14.6	13.4/12.5	11.6/10.8	10.2/9.8	9.2/8.8
1250		28.0/22.0	26.3/21.2	24.0/19.9	21.1/18.0	18.8/16.4	15.9/14.3	13.9/12.7	12.5/11.6	11.3/10.7
1600		28.2/22.1	27.1/21.5	25.4/20.6	23.2/19.3	20.8/18.2	18.7/16.4	16.9/15.1	15.4/14.0	14.1/13.1
2000		28.3/22.2	27.5/21.7	26.2/21.0	24.6/20.1	22.2/18.9	20.7/17.8	18.9/16.7	17.6/15.7	16.4/14.7
2500		28.4/22.3	27.7/21.8	26.6/21.3	25.2/20.5	23.5/19.5	22.0/18.5	20.8/17.7	19.4/16.9	18.2/16.0

注　表中分子用于油浸式变压器，分母用于干式变压器。

表 4.2－9

10（20）/0.4kV、1250kVA 变压器馈线用

施耐德公司 I－LINE H 系列铜母线槽的短路电流（I_k）值

（kA）

母线槽额定电流（A）	从低压配电柜到短路点为下列距离时的短路电流（I_k）值									
	0m	10m	30m	60m	100m	150m	200m	250m	300m	350m
630	34.8/27.5	32.7/26.4	28.0/23.7	22.2/19.8	16.7/15.6	12.6/10.0	10.1/9.8	8.3/8.1	7.2/7.1	6.3/6.2
800		32.9/26.5	28.8/24.0	23.6/20.7	18.7/17.1	14.6/13.6	11.9/11.4	10.0/9.6	8.6/8.4	7.6/7.5
1000		33.4/26.7	30.3/25.0	26.1/22.3	21.5/19.2	17.5/16.3	14.5/13.7	12.4/11.9	10.8/10.4	9.6/9.3
1250		33.8/26.9	31.5/25.6	28.1/23.6	24.2/21.1	20.3/18.4	17.4/16.1	15.2/14.2	13.4/12.7	12.0/11.5
1600		34.2/27.1	32.6/26.2	30.1/24.9	27.1/23.0	23.8/20.8	21.0/18.9	18.7/17.1	16.8/15.6	15.3/14.4
2000		34.3/27.2	33.1/26.6	31.3/25.5	28.8/24.1	26.1/22.4	23.6/20.7	21.5/19.2	19.6/17.8	18.0/16.6
2500		34.4/27.3	33.4/26.7	31.9/25.8	29.9/24.7	27.5/23.2	25.4/21.9	23.5/20.6	21.9/19.4	20.4/18.3

注　表中分子用于油浸式变压器，分母用于干式变压器。

表 4.2－10

10（20）/0.4kV、1600kVA 变压器馈线用

施耐德公司 I－LINE H 系列铜母线槽的短路电流（I_k）值

（kA）

母线槽额定电流（A）	从低压配电柜到短路点为下列距离时的短路电流（I_k）值									
	0m	10m	30m	60m	100m	150m	200m	250m	300m	350m
630	44.4/34.6	405./32.8	33.2/28.5	24.8/22.7	18.1/17.2	13.3/12.8	10.5/10.2	8.6/8.4	7.3/7.2	6.4/6.3
800		40.9/32.9	34.5/29.1	27.2/25.4	20.5/19.2	15.7/15.1	12.5/12.1	10.4/10.2	8.9/8.8	7.8/7.7
1000		41.6/33.3	36.8/30.5	29.8/26.5	24.2/22.0	19.0/17.8	15.6/14.8	13.1/12.7	11.3/11.0	10.0/9.8
1250		42.2/33.6	38.6/31.6	33.5/28.5	27.9/24.7	22.7/20.8	19.1/17.8	16.3/15.5	14.2/13.7	12.6/12.2
1600		42.8/33.9	40.2/32.5	36.5/30.3	31.9/27.5	27.2/24.2	23.5/21.5	20.6/19.2	18.3/17.2	16.4/15.6
2000		43.1/34.1	41.2/33.1	38.2/31.4	34.5/29.2	30.4/26.5	27.0/24.1	24.2/22.0	21.8/20.1	19.8/18.6
2500		43.2/34.2	41.6/33.3	39.2/31.9	36.2/30.1	32.6/27.9	29.7/25.8	27.0/24.0	24.8/22.3	22.8/20.8
3200		43.3/34.2	42.0/33.5	39.8/32.3	37.1/30.7	34.0/28.8	31.2/26.9	28.7/25.2	26.5/23.6	24.6/22.2

注　表中分子用于油浸式变压器，分母用于干式变压器。

表 4.2-11

10（20）/0.4kV、2000kVA 变压器馈线用
施耐德公司 I-LINE H 系列铜母线槽的短路电流（I_k）值

（kA）

母线槽额定电流（A）	从低压配电柜到短路点为下列距离时的短路电流（I_k）值									
	0m	10m	30m	60m	100m	150m	200m	250m	300m	350m
630	49.6/42.4	45.5/39.5	36.4/33.2	26.4/25.2	18.8/18.3	13.6/13.4	10.7/10.5	8.7/8.6	7.4/7.3	6.5/6.4
800		45.9/39.7	38.0/34.2	29.0/27.2	21.6/20.7	16.2/15.7	12.8/12.6	10.7/10.5	9.1/9.0	7.9/7.8
1000		46.9/40.3	40.8/36.2	33.1/30.4	25.7/24.4	19.9/19.2	16.1/15.7	13.5/13.2	11.6/11.4	10.2/10.1
1250		47.7/40.8	43.1/37.8	36.7/33.2	30.0/27.9	24.0/22.9	19.9/19.2	17.0/12.8	14.7/14.4	13.0/12.8
1600		48.5/41.3	45.2/39.2	40.4/35.9	34.8/31.8	29.2/27.3	24.9/23.7	21.7/20.8	19.1/18.5	17.0/16.5
2000		48.8/41.5	46.4/40.0	42.7/37.5	38.0/34.2	33.0/30.4	28.9/27.1	25.6/24.3	22.9/22.0	20.7/20.1
2500		49.0/41.6	46.9/40.5	43.9/38.2	40.0/35.5	35.7/32.4	32.1/29.6	29.0/27.0	26.4/24.9	24.2/22.9
3200		49.1/41.7	47.4/40.7	44.7/38.8	41.3/36.5	37.4/33.7	34.0/31.1	31.0/28.7	28.4/26.6	26.2/24.8
4000		49.2/41.8	47.7/40.8	45.3/39.1	42.3/37.1	38.8/34.6	35.7/32.3	33.0/30.2	30.6/28.3	28.4/26.5

注 表中分子用于油浸式变压器，分母用于干式变压器。

表 4.2-12

10（20）/0.4kV、2500kVA 变压器馈线用
施耐德公司 I-LINE H 系列铜母线槽的短路电流（I_k）值

（kA）

母线槽额定电流（A）	从低压配电柜到短路点为下列距离时的短路电流（I_k）值									
	0m	10m	30m	60m	100m	150m	200m	250m	300m	350m
630	59.8/51.3	53.3/46.9	40.8/37.7	28.4/27.3	19.6/19.2	14.0/13.9	10.9/10.8	8.9/8.8	7.5/7.4	6.6/6.5
800		53.8/47.2	43.1/39.3	31.7/30.0	22.9/22.2	16.8/16.5	13.2/13.1	10.7/10.6	9.3/9.2	8.1/8.0
1000		55.6/48.2	47.0/42.2	36.7/34.2	27.8/26.6	21.0/20.4	16.8/16.5	13.9/13.7	11.9/11.8	10.4/10.3

续表

母线槽额定电流（A）	从低压配电柜到短路点为下列距离时的短路电流（I_k）值									
	0m	10m	30m	60m	100m	150m	200m	250m	300m	350m
1250	59.8/51.3	55.9/48.9	50.0/44.5	41.4/38.0	32.8/31.0	25.7/24.7	21.0/20.7	17.7/17.5	15.2/15.1	13.4/13.3
1600		57.4/49.6	52.9/46.5	46.3/41.8	38.9/36.0	31.9/30.2	26.8/25.7	23.0/22.3	20.1/19.6	17.8/17.4
2000		57.9/50.0	54.5/47.7	49.4/44.0	43.1/39.4	36.6/34.2	31.6/30.0	27.6/26.4	24.4/23.6	21.9/21.3
2500		58.1/50.2	55.2/48.2	53.0/45.2	45.8/41.3	40.2/37.0	35.5/33.2	31.7/30.0	28.6/27.5	25.9/24.9
3200		58.3/50.3	55.9/48.6	52.2/46.0	47.5/42.8	42.4/38.7	37.9/35.1	34.2/32.0	31.0/29.3	28.3/27.0
4000		58.4/50.4	56.2/48.8	53.0/46.5	48.9/43.7	44.2/40.1	40.2/36.9	36.7/34.0	34.7/31.5	31.2/29.3
5000		58.7/50.5	56.9/49.3	54.4/47.5	51.2/45.1	47.3/42.4	43.9/39.7	40.8/37.3	38.0/35.1	35.5/33.1

注　表中分子用于油浸式变压器，分母用于干式变压器。

表 4.2－13　**10（20）/0.4kV、800kVA 变压器馈线用**

施耐德公司 **I－LINE B** 系列铝铜合金结构母线槽的短路电流（I_k）值　（kA）

母线槽额定电流（A）	从低压配电柜到短路点为下列距离时的短路电流（I_k）值									
	0m	10m	30m	60m	100m	150m	200m	250m	300m	350m
800	24.8/19.1	23.6/18.2	20.7/16.7	17.6/14.7	14.4/12.5	11.7/10.5	9.8/9.0	8.4/7.8	7.3/6.9	6.5/6.2
1000		23.8/18.3	21.1/16.9	18.2/15.0	15.2/13.0	12.5/11.1	10.6/9.6	9.2/8.4	8.2/7.5	7.3/6.8
1250		24.2/18.7	22.6/17.7	20.4/16.4	18.2/15.0	16.1/13.4	13.5/12.1	12.4/11.0	11.2/10.1	9.8/9.2
1600		24.3/18.8	22.7/17.8	20.7/16.6	18.4/15.2	16.3/13.6	14.2/12.4	12.8/11.3	11.6/10.4	10.6/9.5

注　表中分子用于油浸式变压器，分母用于干式变压器。

表 4.2－14

10（20）/0.4kV、1000kVA 变压器馈线用
施耐德公司 I－LINE B 系列铝铜合金结构母线槽的短路电流（I_k）值

（kA）

母线槽额定电流（A）	从低压配电柜到短路点为下列距离时的短路电流（I_k）值									
	0m	10m	30m	60m	100m	150m	200m	250m	300m	350m
800	28.8/22.3	26.6/21.1	23.0/19.0	19.0/16.4	15.3/13.6	12.2/11.2	10.1/9.4	8.6/8.2	7.4/7.1	6.5/6.4
1000		26.8/21.3	23.6/19.3	19.8/16.8	16.1/14.2	13.1/11.8	11.0/10.1	9.4/8.8	8.2/7.8	7.3/7.1
1250		27.6/21.7	25.9/20.5	22.9/18.8	20.0/17.6	17.0/15.1	15.0/13.6	13.3/12.3	12.0/11.1	10.8/10.3
1600		27.7/21.8	26.0/20.6	23.0/18.9	20.1/17.1	17.2/15.2	15.1/13.7	13.4/12.4	12.1/11.2	10.9/10.4
2000		28.1/21.9	26.8/21.3	25.0/20.3	22.9/19.0	20.5/17.5	18.6/16.1	17.0/15.0	15.5/14.0	14.3/13.1
2500		28.2/22.0	27.1/21.5	25.6/20.6	23.8/19.5	21.7/18.2	19.9/17.1	18.3/16.0	16.9/15.0	15.7/14.1

注　表中分子用于油浸式变压器，分母用于干式变压器。

表 4.2－15

10（20）/0.4kV、1250kVA 变压器馈线用
施耐德公司 I－LINE B 系列铝铜合金结构母线槽的短路电流（I_k）值

（kA）

母线槽额定电流（A）	从低压配电柜到短路点为下列距离时的短路电流（I_k）值									
	0m	10m	30m	60m	100m	150m	200m	250m	300m	350m
800	34.8/27.5	31.9/25.8	26.9/22.7	21.5/19.0	16.7/15.3	13.1/12.2	10.7/10.1	9.0/8.7	7.8/7.5	6.9/6.7
1000		32.1/25.9	27.6/23.1	22.6/19.6	18.0/16.3	14.2/13.3	11.8/11.2	10.0/9.6	8.6/8.4	7.7/7.6
1250		33.3/26.7	30.9/25.0	27.3/22.9	23.5/20.5	19.7/18.0	16.8/15.6	14.0/13.3	12.8/12.2	11.5/11.3
1600		33.4/26.8	30.7/24.9	27.0/22.7	23.0/20.1	19.8/18.0	16.9/15.5	14.1/13.4	13.0/12.3	11.7/11.4
2000		33.9/26.9	32.0/26.0	29.5/24.5	26.5/22.6	23.4/20.5	20.9/18.6	18.7/17.0	17.0/15.7	15.5/14.5
2500		34.1/27.0	32.5/26.2	30.3/25.0	27.7/24.5	25.0/21.5	22.6/19.8	19.4/18.3	18.7/17.0	17.2/15.9

注　表中分子用于油浸式变压器，分母用于干式变压器。

表 4.2－16

10（20）/0.4kV、1600kVA 变压器馈线用

施耐德公司 I－LINE B 系列铝铜合金结构母线槽的短路电流（I_k）值

（kA）

母线槽额定电流（A）	从低压配电柜到短路点为下列距离时的短路电流（I_k）值									
	0m	10m	30m	60m	100m	150m	200m	250m	300m	350m
800	44.4/34.6	39.4/31.9	32.0/27.2	24.5/21.9	18.4/17.0	14.0/13.2	11.2/10.8	9.3/9.0	8.1/7.9	7.1/6.9
1000		39.7/32.1	33.0/27.8	25.9/22.8	20.0/18.2	15.4/14.3	12.5/11.9	10.5/10.1	9.1/8.8	8.0/7.8
1250		41.5/33.1	37.0/30.3	31.7/26.8	26.3/23.1	21.3/19.4	17.8/16.7	15.3/14.6	13.3/12.8	11.8/11.5
1600		41.6/33.2	37.2/30.4	31.7/26.9	26.4/23.2	21.7/19.5	18.3/16.9	15.9/14.8	14.0/13.3	12.5/11.9
2000		42.5/33.7	39.7/31.9	35.9/29.8	31.5/27.0	27.1/23.9	23.7/21.3	21.0/19.2	18.8/17.4	17.0/15.9
2500		42.7/33.9	40.4/32.5	37.1/30.6	33.2/28.1	29.1/25.4	25.9/23.0	23.2/20.9	20.9/19.2	19.1/18.0
3200		43.0/34.1	41.1/33.0	38.6/31.5	35.3/29.5	31.8/27.1	28.8/25.2	26.2/23.3	24.1/21.7	22.2/20.3

注　表中分子用于油浸式变压器，分母用于干式变压器。

表 4.2－17

10（20）/0.4kV、2000kVA 变压器馈线用

施耐德公司 I－LINE B 系列铝铜合金结构母线槽的短路电流（I_k）值

（kA）

母线槽额定电流（A）	从低压配电柜到短路点为下列距离时的短路电流（I_k）值									
	0m	10m	30m	60m	100m	150m	200m	250m	300m	350m
800	49.6/42.4	43.8/38.4	34.9/31.7	26.2/24.3	19.3/18.5	14.5/14.1	11.6/11.3	9.6/9.4	8.3/8.1	7.2/7.1
1000		44.2/38.6	36.0/32.4	27.7/25.8	21.0/20.0	16.1/15.5	13.0/12.6	10.8/10.6	9.4/9.2	8.2/8.1
1250		46.3/40.2	41.2/36.6	34.4/31.7	28.1/26.3	22.4/21.4	18.6/18.0	15.8/15.5	13.7/13.5	12.1/12.0
1600		46.4/40.3	41.3/36.3	34.5/31.4	28.3/26.4	22.9/21.7	19.2/18.4	16.5/16.1	14.5/14.2	12.9/12.7

续表

母线槽额定电流（A）	从低压配电柜到短路点为下列距离时的短路电流（I_k）值									
	0m	10m	30m	60m	100m	150m	200m	250m	300m	350m
2000	49.6/42.4	47.5/41.1	44.1/38.6	39.4/35.3	34.2/31.3	29.1/27.1	25.1/23.8	22.0/21.1	19.6/18.9	17.7/17.2
2500		47.8/41.2	45.0/39.2	41.0/36.4	36.3/32.9	31.5/29.1	27.6/25.9	24.6/23.2	22.1/21.1	20.0/19.2
3200		48.1/41.4	45.9/40.0	42.7/37.6	38.8/34.7	34.6/31.5	31.1/28.7	28.1/26.2	25.6/24.1	23.4/22.3
4000		48.3/41.5	46.3/40.2	43.3/38.0	39.9/35.4	36.1/32.5	32.9/30.1	28.8/27.8	27.7/25.8	25.7/24.2

注　表中分子用于油浸式变压器，分母用于干式变压器。

表 4.2－18　**10（20）/0.4kV、2500kVA** 变压器馈线用
施耐德公司 **I－LINE B** 系列铝铜合金结构母线槽的短路电流（I_k）值　（kA）

母线槽额定电流（A）	从低压配电柜到短路点为下列距离时的短路电流（I_k）值									
	0m	10m	30m	60m	100m	150m	200m	250m	300m	350m
800	59.8/51.3	51.5/45.1	39.5/36.0	28.5/26.8	20.5/19.8	15.1/14.7	12.0/11.7	9.9/9.7	8.4/8.3	7.3/7.2
1000		52.2/45.5	40.8/37.1	30.5/27.0	22.5/21.5	16.9/16.3	13.5/13.1	11.2/11.0	9.6/9.4	8.4/8.3
1250		55.4/48.0	48.3/42.8	39.3/35.9	31.0/29.0	24.1/23.1	19.6/19.0	16.5/16.1	14.2/14.0	12.5/12.2
1600		55.3/47.7	47.8/42.5	38.9/35.6	31.1/29.0	24.7/23.5	20.4/19.6	17.4/16.8	15.1/14.7	13.4/13.1
2000		57.0/49.0	52.1/45.6	45.7/40.9	38.7/35.5	32.1/30.1	27.3/25.9	23.7/22.7	20.9/20.2	18.7/18.2
2500		57.4/49.3	53.3/46.5	47.7/42.4	41.3/37.6	35.1/32.5	30.3/28.5	26.6/25.3	23.6/22.7	21.2/20.5
3200		57.8/49.6	54.6/47.3	50.1/44.1	44.7/40.2	39.1/35.7	34.5/32.0	30.8/29.0	27.8/26.3	25.2/24.2
4000		58.0/49.8	55.0/47.6	51.0/44.7	46.2/41.1	41.1/37.2	36.9/33.9	33.4/31.0	30.5/28.5	28.0/26.5
5000		58.5/50.0	56.4/48.6	53.4/46.5	49.7/43.8	45.4/40.7	41.7/37.8	38.4/35.2	35.5/33.0	33.1/30.8

注　表中分子用于油浸式变压器，分母用于干式变压器。

表 4.2－19

10（20）/0.4kV、800kVA 变压器馈线用
ABB 公司 Lmax－C 铜母线槽的短路电流（I_k）值

（kA）

母线槽额定电流（A）	从低压配电柜到短路点为下列距离时的短路电流（I_k）值									
	0m	10m	30m	60m	100m	150m	200m	250m	300m	350m
630	24.8/19.1	22.3/17.6	19.9/16.2	16.8/14.0	13.6/12.0	10.9/10.1	9.1/8.5	7.9/7.5	6.8/6.5	6.1/6.0
800		22.5/17.7	20.3/16.5	17.8/14.7	14.8/12.9	12.3/11.2	10.3/9.5	9.0/8.4	7.9/7.4	7.3/7.1
1000		22.8/17.8	21.2/17.0	19.2/15.7	16.6/14.2	14.1/12.8	12.3/11.1	10.9/10.1	9.7/9.0	9.1/8.8
1250		23.0/18.0	21.7/17.3	20.1/16.6	17.7/14.9	15.6/13.6	13.7/12.1	12.3/11.0	11.0/10.4	10.4/10.0
1600		23.2/18.1	22.3/17.6	20.7/17.1	19.4/16.1	17.6/14.9	16.0/13.8	14.7/12.9	13.5/12.1	10.7/11.3

注 1．表中分子用于油浸式变压器，分母用于干式变压器。
2．ABB 公司的 Lmax－R 和 Lmax－F 铜母线槽的 I_k 值可参考本表数值。
3．ABB 公司的 Lmax－A（铝）和 Pmax－C（铜）母线槽的 I_k 值可参考本表数值。

表 4.2－20

10（20）/0.4kV、1000kVA 变压器馈线用
ABB 公司 Lmax－C 铜母线槽的短路电流（I_k）值

（kA）

母线槽额定电流（A）	从低压配电柜到短路点为下列距离时的短路电流（I_k）值									
	0m	10m	30m	60m	100m	150m	200m	250m	300m	350m
630	28.8/22.3	26.8/21.3	23.2/19.3	18.8/16.5	14.8/13.5	11.5/10.9	9.5/9.1	8.1/7.8	6.9/6.7	6.2/6.1
800		27.2/21.6	24.1/20.0	20.2/17.5	16.4/15.0	13.2/12.4	11.0/10.4	9.5/9.2	8.2/8.0	7.5/7.4
1000		27.6/21.8	25.3/20.5	22.0/19.0	18.7/16.3	15.5/14.0	13.3/12.2	11.6/11.0	10.2/9.8	9.1/8.9
1250		27.8/21.9	25.9/20.9	23.2/19.4	20.2/17.4	17.2/15.2	14.9/13.5	13.1/12.3	11.8/11.0	10.6/10.1
1600		28.2/22.0	26.8/21.4	25.0/20.5	22.5/18.9	20.0/17.1	17.9/15.8	16.2/15.4	14.7/13.6	13.5/12.6
2000		28.3/22.1	27.1/21.6	25.4/20.8	23.4/19.6	20.9/18.0	18.9/16.6	17.2/15.9	15.8/14.4	14.6/13.4
2500		28.4/22.2	27.6/21.8	26.2/21.0	24.5/20.0	22.7/18.8	21.0/17.8	19.6/17.0	18.3/16.0	17.2/15.3

注 1．表中分子用于油浸式变压器，分母用于干式变压器。
2．ABB 公司的 Lmax－R 和 Lmax－F 铜母线槽的 I_k 值可参考本表数值。
3．ABB 公司的 Lmax－A（铝）和 Pmax－C（铜）母线槽的 I_k 值可参考本表数值。

表 4.2－21

10（20）/0.4kV、1250kVA 变压器馈线用
ABB 公司 Lmax－C 铜母线槽的短路电流（I_k）值

（kA）

母线槽额定电流（A）	从低压配电柜到短路点为下列距离时的短路电流（I_k）值									
	0m	10m	30m	60m	100m	150m	200m	250m	300m	350m
630	34.8/27.5	32.0/26.0	27.0/23.0	21.2/19.0	16.2/15.1	12.5/11.9	10.0/9.6	8.5/8.3	7.2/7.1	6.3/6.2
800		32.5/26.3	28.2/23.7	23.1/20.2	18.2/16.6	14.3/13.8	11.6/11.2	10.0/9.7	8.5/8.3	7.5/7.4
1000		33.2/26.7	30.2/25.2	25.7/22.5	21.0/19.0	17.4/16.3	14.3/13.6	12.4/11.2	10.8/10.5	9.7/9.6
1250		33.6/26.9	30.9/25.6	26.9/23.2	22.9/20.2	19.0/17.3	16.2/15.7	14.1/13.3	12.5/11.9	11.3/11.1
1600		33.9/27.1	31.9/26.0	29.2/24.0	26.0/22.3	22.6/20.0	19.9/18.0	17.7/16.3	15.9/14.7	14.5/13.6
2000		34.1/27.2	32.4/26.3	30.0/24.8	26.8/23.1	23.8/21.3	21.2/19.1	19.1/17.5	17.4/16.1	16.0/14.9
2500		34.3/27.3	33.0/26.5	31.2/25.4	28.8/23.6	26.3/22.6	24.1/21.3	22.0/19.6	20.4/18.8	19.1/17.8

注 1. 表中分子用于油浸式变压器，分母用于干式变压器。
2. ABB 公司的 Lmax－R 和 Lmax－F 铜母线槽的 I_k 值可参考本表数值。
3. ABB 公司的 Lmax－A（铝）和 Pmax－C（铜）母线槽的 I_k 值可参考本表数值。

表 4.2－22

10（20）/0.4kV、1600kVA 变压器馈线用
ABB 公司 Lmax－C 铜母线槽的短路电流（I_k）值

（kA）

母线槽额定电流（A）	从低压配电柜到短路点为下列距离时的短路电流（I_k）值									
	0m	10m	30m	60m	100m	150m	200m	250m	300m	350m
630	44.4/34.6	39.6/32.2	32.0/27.4	24.0/21.6	17.6/16.5	13.2/12.8	10.4/10.1	8.7/8.5	7.4/7.2	6.5/6.4
800		40.2/32.6	33.7/28.7	26.3/23.5	20.0/18.5	15.4/14.5	12.4/11.8	10.3/9.9	8.9/8.6	7.9/7.8
1000		41.3/33.1	36.2/30.2	29.7/25.9	23.7/21.7	18.8/17.6	15.4/14.6	13.1/12.6	11.3/10.9	10.0/9.7
1250		41.8/33.4	37.5/31.1	31.9/27.5	26.2/23.4	21.2/19.7	17.8/16.6	15.3/14.6	13.3/12.7	11.8/11.4
1600		42.6/33.8	39.5/32.2	35.2/29.4	30.6/26.5	25.8/23.3	22.3/20.6	19.6/18.4	17.4/16.4	15.6/15.0

续表

母线槽额定电流（A）	从低压配电柜到短路点为下列距离时的短路电流（I_k）值									
	0m	10m	30m	60m	100m	150m	200m	250m	300m	350m
2000	44.4/34.6	42.9/33.9	40.1/32.6	36.2/30.4	31.7/27.5	27.4/24.4	24.1/21.7	21.4/19.7	19.2/17.8	17.5/16.6
2500		43.1/34.0	41.1/33.0	38.2/31.3	34.6/29.0	30.9/26.6	27.9/24.6	25.5/22.7	23.2/21.1	21.3/19.7
3200		43.2/34.1	41.6/33.3	39.2/31.9	36.2/30.2	32.9/28.0	29.9/26.0	27.3/24.4	25.0/22.6	23.1/21.4

注 1．表中分子用于油浸式变压器，分母用于干式变压器。

2．ABB 公司的 Lmax－R 和 Lmax－F 铜母线槽的 I_k 值可参考本表数值。

3．ABB 公司的 Lmax－A（铝）和 Pmax－C（铜）母线槽的 I_k 值可参考本表数值。

表 4.2－23　10（20）/0.4kV、2000kVA 变压器馈线用 ABB 公司 Lmax－C 铜母线槽的短路电流（I_k）值

（kA）

母线槽额定电流（A）	从低压配电柜到短路点为下列距离时的短路电流（I_k）值									
	0m	10m	30m	60m	100m	150m	200m	250m	300m	350m
630	49.6/42.4	44.0/38.6	34.7/31.7	25.4/24.3	18.3/17.6	13.9/13.6	10.7/10.5	9.0/8.9	7.5/7.4	6.9/6.8
800		44.9/39.2	36.8/33.3	28.1/26.5	21.0/20.1	17.2/16.6	12.6/12.3	11.3/11.1	9.0/8.9	8.4/8.3
1000		46.1/40.0	39.7/35.7	32.1/29.8	25.2/24.0	19.8/19.1	15.9/15.5	13.4/13.1	11.6/11.4	10.1/10.0
1250		46.7/40.5	41.5/36.9	34.9/31.8	28.0/26.6	22.3/21.5	18.5/17.9	15.8/15.4	13.7/13.4	12.0/11.8
1600		47.6/41.0	43.9/38.8	38.7/34.8	33.1/30.7	27.6/26.0	23.6/22.5	20.6/20.0	18.1/17.6	16.0/15.7
2000		47.9/41.3	44.6/39.2	40.0/35.9	35.3/32.8	29.6/27.5	25.6/24.0	22.6/21.4	20.2/19.3	18.3/17.6
2500		48.2/41.5	45.7/39.8	42.3/37.3	38.0/34.2	33.6/30.6	30.0/27.8	27.0/25.4	24.5/23.3	22.5/21.6
3200		48.5/41.7	46.6/40.5	43.8/38.5	39.9/35.8	36.0/32.7	32.3/29.8	29.4/27.6	26.8/25.4	24.8/23.7
4000		48.9/42.0	47.8/41.4	46.1/40.3	43.7/38.6	40.9/36.7	38.2/34.9	35.6/33.1	33.3/31.2	31.2/29.5

注 1．表中分子用于油浸式变压器，分母用于干式变压器。

2．ABB 公司的 Lmax－R 和 Lmax－F 铜母线槽的 I_k 值可参考本表数值。

3．ABB 公司的 Lmax－A（铝）和 Pmax－C（铜）母线槽的 I_k 值可参考本表数值。

表 4.2－24

10（20）/0.4kV、2500kVA 变压器馈线用
ABB 公司 Lmax－C 铜母线槽的短路电流（I_k）值

（kA）

母线槽额定电流（A）	从低压配电柜到短路点为下列距离时的短路电流（I_k）值									
	0m	10m	30m	60m	100m	150m	200m	250m	300m	350m
630	59.8/51.3	51.8/45.5	39.2/35.9	27.4/26.2	19.3/18.7	14.0/13.6	11.0/10.7	9.0/8.8	7.6/7.5	6.6/6.5
800		53.0/46.3	42.0/38.0	30.8/29.6	22.3/21.5	16.5/16.1	13.0/12.7	11.0/10.8	9.2/9.1	8.1/8.0
1000		54.7/47.6	45.6/41.2	35.4/33.1	27.2/25.9	20.8/20.2	16.7/16.2	13.9/13.6	11.9/11.7	10.9/10.8
1250		55.6/48.2	47.7/42.6	38.1/35.4	30.7/28.6	23.9/23.0	19.5/18.8	16.5/16.1	14.2/13.9	12.5/12.3
1600		56.8/48.9	51.6/45.1	44.4/40.0	37.0/34.4	30.0/28.5	25.3/24.2	21.7/21.1	19.0/18.6	17.1/16.9
2000		57.2/49.2	52.1/45.6	45.9/44.0	38.9/35.6	32.4/30.4	27.8/26.4	24.1/23.4	21.4/20.7	19.7/18.9
2500		57.7/49.6	54.2/47.2	49.3/44.9	43.6/39.5	37.8/34.9	33.2/30.9	29.6/28.2	26.5/25.3	24.0/23.2
3200		58.1/49.9	55.3/48.1	51.1/46.0	45.9/41.3	40.5/37.0	36.0/33.3	32.3/30.4	29.3/27.7	26.7/25.5
4000		58.7/50.3	57.3/49.3	54.8/47.6	51.3/45.2	47.5/42.3	43.6/39.7	40.2/37.0	37.2/34.7	34.4/32.3
5000		59.1/50.5	58.1/49.8	56.4/48.7	53.8/47.0	50.9/45.0	47.9/43.0	45.2/41.2	42.7/39.0	40.0/37.5

注 1．表中分子用于油浸式变压器，分母用于干式变压器。
2．ABB 公司的 Lmax－R 和 Lmax－F 铜母线槽的 I_k 值可参考本表数值。
3．ABB 公司的 Lmax－A（铝）和 Pmax－C（铜）母线槽的 I_k 值可参考本表数值。

表 4.2－25

10（20）/0.4kV、800kVA 变压器馈线用
西门子公司 XLC－Ⅲ铜母线槽的短路电流（I_k）值

（kA）

母线槽额定电流（A）	从低压配电柜到短路点为下列距离时的短路电流（I_k）值									
	0m	10m	30m	60m	100m	150m	200m	250m	300m	350m
630	24.8/19.1	22.2/17.5	19.5/16.0	15.7/13.6	12.8/11.4	10.4/9.5	8.2/7.8	7.1/6.8	6.1/5.8	5.4/5.3
800		22.4/17.7	20.2/16.4	17.3/14.6	14.3/12.5	11.9/10.7	9.7/9.0	8.4/7.9	7.3/6.9	6.6/6.5

续表

母线槽额定电流（A）	从低压配电柜到短路点为下列距离时的短路电流（I_k）值									
	0m	10m	30m	60m	100m	150m	200m	250m	300m	350m
1000	24.8/19.1	22.6/17.9	20.8/16.8	18.4/15.2	15.7/13.4	13.2/11.7	11.2/10.2	9.9/9.2	8.7/8.1	7.8/7.6
1250		22.9/18.0	21.4/17.1	19.4/15.9	17.2/14.4	15.0/12.9	13.1/11.6	11.7/10.5	10.5/9.6	9.5/8.8
1600		23.1/18.1	21.9/17.3	20.3/16.4	18.4/15.2	16.5/13.8	14.7/12.7	13.3/11.7	12.1/10.8	11.1/10.3

注 1. 表中分子用于油浸式变压器，分母用于干式变压器。

2. 西门子公司 XLA－Ⅲ铝合金母线槽的 I_k 值可参考本表数值。

表 4.2－26　**10（20）/0.4kV、1000kVA 变压器馈线用西门子公司 XLC－Ⅲ铜母线槽的短路电流（I_k）值**　（kA）

母线槽额定电流（A）	从低压配电柜到短路点为下列距离时的短路电流（I_k）值									
	0m	10m	30m	60m	100m	150m	200m	250m	300m	350m
630	28.8/22.3	26.6/21.2	22.6/18.9	17.9/15.8	13.7/12.6	10.6/10.0	8.8/8.2	7.4/7.1	6.2/6.0	5.4/5.3
800		27.0/21.4	23.7/19.5	19.6/16.9	15.6/14.2	12.4/11.4	10.2/9.6	8.7/8.4	7.5/7.2	6.7/6.6
1000		27.3/21.6	24.6/20.0	21.0/17.8	17.4/15.4	14.2/12.8	12.0/11.1	10.3/9.7	9.0/8.6	8.0/7.8
1250		27.6/21.7	25.5/20.5	22.6/18.8	19.5/16.8	16.5/14.6	14.2/12.9	12.4/11.5	11.1/10.4	10.0/9.5
1600		27.9/21.9	26.1//20.9	23.8/19.5	21.1/17.8	18.4/15.8	16.2/14.4	14.5/13.0	13.1/11.9	11.9/11.0
2000		28.1/22.0	26.7/21.2	24.8/20.1	22.6/18.8	20.0/17.2	18.2/15.8	16.5/14.7	15.1/13.7	13.9/12.7
2500		28.3/22.1	27.4/21.6	26.0/20.8	24.4/20.0	22.5/18.6	20.8/17.6	19.3/16.6	18.0/15.7	16.9/14.9

注 1. 表中分子用于油浸式变压器，分母用于干式变压器。

2. 西门子公司 XLA－Ⅲ铝合金母线槽的 I_k 值可参考本表数值。

表 4.2－27

10（20）/0.4kV、1250kVA 变压器馈线用

西门子公司 XLC－Ⅲ铜母线槽的短路电流（I_k）值

（kA）

母线槽额定电流（A）	从低压配电柜到短路点为下列距离时的短路电流（I_k）值									
	0m	10m	30m	60m	100m	150m	200m	250m	300m	350m
630	34.8/27.5	31.7/25.8	26.2/22.4	20.0/18.1	14.8/13.9	11.2/10.7	8.9/8.7	7.5/7.3	6.3/6.2	5.5/5.4
800		32.2/26.1	27.6/23.3	22.2/19.4	17.2/15.8	13.3/12.8	10.8/10.4	9.2/9.0	7.8/7.6	6.9/6.8
1000		32.8/26.4	28.9/24.0	24.2/21.0	19.5/17.5	15.8/14.7	12.8/12.1	10.9/9.5	9.5/9.2	8.4/8.3
1250		33.2/26.6	30.2/24.8	26.2/22.5	22.0/19.4	18.2/16.5	15.6/14.3	13.4/12.6	11.8/11.2	10.6/10.4
1600		33.6/26.8	31.2/25.4	27.8/23.2	24.3/20.9	20.8/18.4	17.9/16.3	15.8/14.6	14.2/13.2	12.7/12.0
2000		33.9/27.0	32.0/25.9	29.3/24.2	26.2/22.2	23.0/20.1	20.4/18.2	18.3/16.6	16.6/15.2	15.2/14.1
2500		34.1/27.1	32.9/26.4	31.0/25.3	28.6/23.9	26.0/22.2	23.8/20.7	21.8/19.3	20.2/18.0	18.7/16.9

注 1. 表中分子用于油浸式变压器，分母用于干式变压器。

2. 西门子公司 XLA－Ⅲ铝合金母线槽的 I_k 值可参考本表数值。

表 4.2－28

10（20）/0.4kV、1600kVA 变压器馈线用

西门子公司 XLC－Ⅲ铜母线槽的短路电流（I_k）值

（kA）

母线槽额定电流（A）	从低压配电柜到短路点为下列距离时的短路电流（I_k）值									
	0m	10m	30m	60m	100m	150m	200m	250m	300m	350m
630	44.4/34.6	39.2/31.9	30.7/26.6	22.3/20.4	16.0/15.2	11.8/11.4	9.3/9.0	7.8/7.5	6.7/6.4	5.9/5.8
800		40.0/32.4	32.9/28.0	25.2/22.6	18.8/17.5	14.2/13.5	11.3/11.0	9.4/9.1	8.1/7.9	7.1/7.0
1000		40.7/32.8	34.8/29.2	27.9/24.5	21.7/20.2	16.9/16.0	13.7/13.0	11.5/11.2	9.9/9.7	8.7/8.6
1250		41.5/33.2	36.8/30.3	30.9/26.6	25.2/22.4	20.2/18.6	16.8/15.8	14.4/13.7	12.6/12.0	11.2/10.8

续表

母线槽额定电流（A）	从低压配电柜到短路点为下列距离时的短路电流（I_k）值									
	0m	10m	30m	60m	100m	150m	200m	250m	300m	350m
1600	44.4/34.6	42.0/33.4	38.3/31.2	33.3/28.2	28.2/24.5	23.3/21.0	19.8/18.2	17.2/16.2	15.2/14.3	13.6/13.0
2000		42.5/33.7	39.5/32.0	35.4/29.5	30.9/26.5	26.5/23.4	23.1/20.8	20.4/18.7	18.2/16.9	16.5/15.4
2500		43.0/34.0	40.9/32.8	38.0/31.1	34.4/28.9	30.7/26.4	27.5/24.2	25.0/22.2	22.7/20.5	20.8/19.1
3200		43.2/34.1	41.5/33.2	39.0/31.7	35.9/29.8	32.4/27.6	29.5/25.6	26.9/23.8	24.7/22.2	22.8/20.7

注 1. 表中分子用于油浸式变压器，分母用于干式变压器。

2. 西门子公司 XLA－Ⅲ铝合金母线槽的 I_k 值可参考本表数值。

表 4.2－29　10（20）/0.4kV、2000kVA 变压器馈线用西门子公司 XLC－Ⅲ铜母线槽的短路电流（I_k）值

（kA）

母线槽额定电流（A）	从低压配电柜到短路点为下列距离时的短路电流（I_k）值									
	0m	10m	30m	60m	100m	150m	200m	250m	300m	350m
630	49.6/42.4	43.4/38.2	33.2/30.6	23.5/22.4	16.8/16.2	12.1/11.8	9.3/9.2	7.9/7.8	6.7/6.6	6.0/5.9
800		44.5/38.9	35.8/32.6	26.9/25.2	19.7/19.0	14.7/14.3	11.6/11.4	10.5/10.4	8.2/8.1	7.2/7.1
1000		45.3/39.5	38.2/34.3	30.0/27.8	22.9/21.9	17.5/16.9	14.2/13.8	11.8/11.6	10.2/10.0	8.9/8.8
1250		46.2/40.2	40.5/36.0	33.5/30.6	26.8/25.2	21.2/20.3	17.5/16.9	14.9/14.5	12.9/12.6	11.4/11.2
1600		46.9/40.6	42.2/37.2	36.7/32.8	30.2/27.9	24.7/23.3	20.8/20.2	18.0/17.4	15.8/15.3	14.0/13.8
2000		47.5/40.9	44.3/38.3	38.8/34.8	33.5/30.6	28.3/26.4	24.4/23.1	21.4/20.4	19.0/18.3	17.2/16.5
2500		48.1/41.3	45.6/39.6	42.0/37.1	37.7/33.9	33.2/30.4	29.5/27.4	26.5/24.9	23.9/22.7	21.9/20.9

续表

母线槽额定电流（A）	从低压配电柜到短路点为下列距离时的短路电流（I_k）值									
	0m	10m	30m	60m	100m	150m	200m	250m	300m	350m
3200（3150）	49.6/42.4	48.3/41.6	46.2/40.2	43.2/38.0	39.4/35.3	35.3/32.2	31.8/29.3	28.8/26.9	26.2/24.7	24.2/23.0
4000		48.8/41.9	47.6/41.2	45.8/40.0	43.3/38.2	40.3/36.1	37.5/34.0	34.8/32.0	32.4/30.2	30.3/28.3

注 1. 表中分子用于油浸式变压器，分母用于干式变压器。

2. 西门子公司 XLA－Ⅲ铝合金母线槽的 I_k 值可参考本表数值。

表 4.2－30　**10（20）/0.4kV、2500kVA** 变压器馈线用西门子公司 XLC－Ⅲ铜母线槽的短路电流（I_k）值　（kA）

母线槽额定电流（A）	从低压配电柜到短路点为下列距离时的短路电流（I_k）值									
	0m	10m	30m	60m	100m	150m	200m	250m	300m	350m
630	59.8/51.3	51.0/45.0	37.2/34.4	25.4/24.2	17.5/17.2	12.5/12.3	9.7/9.5	8.2/8.0	6.8/6.7	6.1/6.0
800		52.5/46.0	40.7/36.9	28.6/27.4	20.8/20.2	15.3/15.0	12.0/11.8	10.0/9.8	8.4/8.3	7.3/7.2
1000		53.8/46.8	43.7/39.4	33.2/30.9	24.5/23.5	18.4/17.9	14.6/14.3	12.2/12.0	10.4/10.2	9.1/9.0
1250		55.0/47.6	47.0/41.8	37.6/34.6	29.3/27.6	22.7/21.8	18.4/17.9	15.5/15.1	13.4/13.2	11.8/11.7
1600		56.0/48.3	49.4/43.6	41.3/37.5	33.4/31.1	26.8/25.4	22.2/21.3	19.0/18.3	16.5/16.1	14.6/14.4
2000		56.8/48.8	51.5/45.2	44.8/40.2	37.7/34.5	31.2/29.2	26.4/25.2	22.9/22.0	20.2/19.5	18.0/17.6
2500		57.7/49.5	54.0/47.0	49.0/43.3	43.3/39.0	37.3/34.3	32.6/30.4	28.9/27.3	25.9/24.6	23.4/22.4
3200（3150）		58.0/49.8	55.0/47.7	50.7/44.6	45.5/40.8	40.0/36.5	35.4/32.8	31.6/29.7	28.6/27.0	26.0/24.8
4000		58.7/50.2	57.0/49.1	54.4/47.3	50.8/44.9	46.6/41.8	42.7/38.9	39.2/36.1	36.1/33.6	33.3/31.4
5000		59.0/50.4	57.8/49.6	56.0/48.4	53.3/46.6	50.2/44.4	47.0/42.2	44.0/40.0	41.3/37.9	38.8/35.9

注 1. 表中分子用于油浸式变压器，分母用于干式变压器。

2. 西门子公司 XLA－Ⅲ铝合金母线槽的 I_k 值可参考本表数值。

4.3　母线槽和电缆、电线的等效折算

4.3.1　折算目的

（1）采用母线槽作为配电干线的配电系统，不论是高层或超高层民用建筑，或者是工业厂房，都要采用电缆（含在导管或线槽内敷设的绝缘导线，下同）作为分干线和支干线，经配电箱分接到各楼层或用电点，典型的配电系统见图4.3－1。

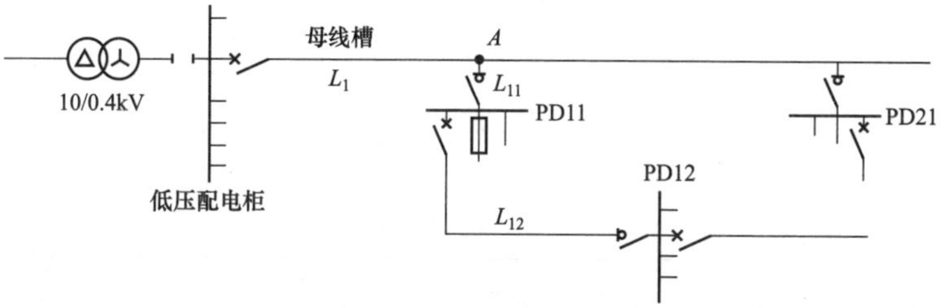

图 4.3－1　配电系统示意图

（2）如图 4.3－1 所示，从低压配电柜接出的主干线采用母线槽，用额定电流标志，而 A 点接至 PD11 配电箱，和 PD11 接至 PD12 配电箱的分干线的电缆或导线则用截面积表示；当计算 PD11 和 PD12 处的短路电流值时，无法使用表 4.2－1～表 4.2－30，也不能使用《低压配电设计解析》中表 6.5－1～表 6.5－20 查得，必须把两者折算成同类表达方式，通常把母线槽折算成电缆的相同截面积（也可以反折算），方可直接查表获得任一点的短路电流值，不必做重复计算。

4.3.2　折算原则

（1）保持任何部位的短路电流不变。

（2）为使短路电流不变，应该按照母线槽折算到与电缆截面积时其导体的阻抗值不变的原则求出折算系数。

严格地说，应该采用电阻（R）和电抗（X）分别等效的方法，进行折算，但难以实施，采用阻抗（Z）相同的方法，将有一定误差，但误差较小，工程应

用是允许的。

4.3.3 编制折算系数的方法

（1）导体阻抗值。

1）导体电阻按 20℃时的阻值选取，见《工业与民用供配电设计手册（第四版）》4.6.4 节第（1）款的 4），不考虑载流和短路时导体温度升高导致电阻的增加，原因是该方法可以求得短路电流可能的最大值，以偏于安全。

2）母线槽的阻抗：按收集到的常用的 4 家生产企业 5 个品牌母线槽 20℃的电阻 R_{20} 和 X 值（见附录 B），计算出 Z 值，列于表 4.3－1。

3）电缆、电线的阻抗：按《工业与民用供配电设计手册（第四版）》的表 9.4－19、表 9.4－21 和表 9.4－23 所列电缆和穿管电线的 R 和 X 值选取，并将表中 80℃和 60℃的电阻换算到 R_{20} 计算出 Z 值，列于表 4.3－2。由于电缆和绝缘导线的 X 略有差异，因此表 4.3－2 中的 Z 分别对应三种电缆、绝缘线列出。

表 4.3－1　部分企业母线槽的阻抗值　[μΩ/m（10^{-3}mΩ/m）]

母线槽的额定电流（A）	珠海光乐公司（铜母排厚 3mm）			施耐德公司						ABB 公司 Lmax－C			西门子公司 XLC－Ⅲ		
				I－LINE H 系列			I－LINE B 系列								
	R_{20}	X	Z	R_{20}	X	Z	R_{20}	X	Z	R_{20}	X	Z	R_{20}	X	Z
630	103.9	11.5	104.5	97.0	17.0	98.5	—	—	—	86.0	37.0	93.6	105.0	35.0	110.7
800	77.9	8.7	78.4	74.0	22.0	77.2	71.0	43.0	83.0	69.0	30.0	75.2	80.0	31.0	85.8
1000	61.1	6.8	61.5	56.0	16.0	58.2	57.0	42.0	70.8	53.0	22.0	57.4	61.0	27.0	66.7
1250	43.9	5.0	44.2	42.0	12.0	43.7	43.0	13.0	44.9	43.0	18.0	46.6	44.0	22.0	49.2
1600	33.5	3.8	33.7	30.0	8.0	31.1	32.0	25.0	40.6	30.0	12.0	32.3	33.0	18.0	37.6
2000	25.8	3.0	26.0	23.0	6.0	23.8	25.0	12.0	27.7	23.0	13.0	26.4	25.0	14.0	28.7
2500	21.8	2.5	21.9	17.0	6.0	18.0	21.0	10.0	23.3	17.0	9.0	19.2	18.0	9.0	20.1
3200	16.5	1.9	16.6	15.0	5.0	15.8	16.0	8.0	17.9	14.0	8.0	16.1	16.0	7.0	17.5
4000	12.9	1.5	13.0	12.0	5.0	13.0	12.0	8.0	14.4	10.0	6.0	11.7	12.0	3.0	12.4
5000	10.8	1.3	10.9	9.0	4.0	9.9	10.0	5.0	11.2	8.0	5.0	9.4	9.0	2.0	9.2

注　1. 表中母线槽 R_{20} 和 X 值，为 4 家企业提供的最新参数，见附录 B。

2. Z 是按 $Z=\sqrt{(R_{20})^2+X^2}$ 计算所得。

表 4.3－2　　　　　绝缘电线、电缆的阻抗值　　　　　［μΩ/m（10^{-3}mΩ/m）］

绝缘电线、电缆的截面积（mm^2）	20℃时的电阻（R_{20}）	电抗（X）			阻抗（Z）		
		PVC 电缆的电抗	交联聚乙烯电缆的电抗	穿管绝缘导线的电抗	PVC 电缆	交联聚乙烯电缆	穿管绝缘导线
10	1754	87	85	108	1756	1756	1757
16	1096	82	82	102	1099	1099	1101
25	702	75	82	99	706	707	709
35	502	72	80	95	507	508	511
50	351	72	80	91	358	360	363
70	251	69	78	89	260	263	266
95	185	69	77	88	197	200	205
120	146	69	77	83	161	165	168
150	117	69	77	82	136	140	143
185	95	69	77	82	117	122	126
240	73	69	77	80	101	106	108

注　1．R_{20} 和 X 值按《工业与民用供配电设计手册（第四版）》中表 9.4－19、表 9.4－21 和表 9.4－23 的数据，R_{20} 是按这三表中 R_{60} 和 R_{80} 折算的，X 值是取两种电缆和一种绝缘导线穿管时的数据。

2．Z 值按 $\sqrt{R_{20}^2+X^2}$ 计算所得，取三种电缆、电线的 X 值，分别计算出 Z 值，其值略有差异。

（2）编制折算系数。

1）按阻抗值相等的原则，把母线槽的长度折算到电缆或穿管绝缘导线的等效长度，计算出折算系数。

2）母线槽的阻抗值，按 4 家企业 5 个型号产品分别编制折算系数表，其阻抗值见表 4.3－1。

3）电缆和穿管绝缘线的阻抗值，按两种电缆和穿管绝缘线分别列于表 4.3－2；现按阻抗略小的 PVC 电缆的数据计算。

4）计算的折算系数列于表 4.3－3～表 4.3－7。

5）表 4.3－3～表 4.3－7 折算系数的修正。

a．折算系数是按 PVC 电缆的阻抗值编制的。

b．当为交联聚乙烯绝缘电缆时，其阻抗值差异很小，误差不超过 2%（截面积为 120mm^2 及以下的）～4%（截面积为 150mm^2 及以上），可不作修正。

c．当为绝缘导线穿管时，截面积为 70mm^2 及以下时可不作修正，截面积为 95mm^2 及以上时，表中折算系数应乘以系数 0.95。

表 4.3－3　珠海光乐公司母线槽等效折算到铜芯电缆、电线的系数

母线槽额定电流（A）	母线槽等效折算到铜芯电缆、电线为下列截面积（mm^2）时的系数										
	10	16	25	35	50	70	95	120	150	185	240
630	0.060	0.095	0.148	0.206	0.292	0.402	0.531	0.649	0.769	0.893	1.035
800	0.045	0.071	0.111	0.155	0.219	0.302	0.398	0.487	0.576	0.670	0.776
1000	0.035	0.056	0.087	0.121	0.172	0.237	0.312	0.382	0.452	0.526	0.609
1250	0.025	0.039	0.061	0.085	0.120	0.166	0.219	0.268	0.317	0.368	0.427
1600	0.019	0.031	0.048	0.067	0.094	0.130	0.171	0.209	0.248	0.288	0.334
2000	0.015	0.024	0.037	0.051	0.073	0.100	0.132	0.161	0.191	0.222	0.257
2500	0.013	0.020	0.031	0.043	0.061	0.084	0.111	0.136	0.161	0.188	0.217
3200	0.010	0.015	0.024	0.033	0.046	0.064	0.084	0.103	0.122	0.142	0.164
4000	0.007	0.012	0.018	0.026	0.036	0.050	0.066	0.081	0.095	0.111	0.129
5000	0.006	0.010	0.015	0.022	0.030	0.042	0.055	0.068	0.081	0.094	0.109

注　1．当电缆、电线为铝导体时，表中系数应乘以系数 0.61。

2．本表按 PVC 电缆编制，可适用于交联聚乙烯电缆；当为绝缘导线穿管，截面积为 $95mm^2$ 及以上时，表中系数应乘以系数 0.95。

3．当电缆、电线等效折算到母线槽时，本表的系数取倒数。

表 4.3－4　施耐德公司 I－LINE H 系列母线槽等效折算到铜芯电缆、电线的系数

母线槽额定电流（A）	母线槽等效折算到铜芯电缆、电线为下列截面积（mm^2）时的系数										
	10	16	25	35	50	70	95	120	150	185	240
630	0.056	0.090	0.140	0.194	0.275	0.379	0.500	0.612	0.724	0.842	0.975
800	0.044	0.070	0.109	0.152	0.216	0.297	0.392	0.480	0.568	0.660	0.764
1000	0.033	0.053	0.083	0.115	0.163	0.224	0.296	0.362	0.428	0.498	0.577
1250	0.025	0.040	0.062	0.086	0.122	0.168	0.222	0.271	0.321	0.373	0.433
1600	0.018	0.028	0.044	0.061	0.087	0.119	0.158	0.193	0.228	0.265	0.307
2000	0.014	0.022	0.034	0.047	0.066	0.091	0.121	0.148	0.175	0.203	0.235
2500	0.010	0.016	0.026	0.036	0.050	0.069	0.092	0.112	0.133	0.154	0.179
3200	0.009	0.014	0.022	0.031	0.044	0.061	0.080	0.098	0.116	0.135	0.157
4000	0.007	0.012	0.019	0.026	0.036	0.050	0.066	0.081	0.096	0.111	0.129
5000	0.006	0.009	0.014	0.020	0.028	0.038	0.050	0.061	0.073	0.084	0.098

注　1．当电缆、电线为铝导体时，表中系数应乘以系数 0.61。

2．本表按 PVC 电缆编制，可适用于交联聚乙烯电缆；当为绝缘导线穿管，截面积为 $95mm^2$ 及以上时，表中系数应乘以系数 0.95。

3．当电缆、电线等效折算到母线槽时，本表的系数取倒数。

表 4.3-5　　施耐德公司 I-LINE B 系列母线槽等效折算到铜芯电缆、电线的系数

母线槽额定电流（A）	母线槽等效折算到铜芯电缆、电线为下列截面积（mm^2）时的系数										
	10	16	25	35	50	70	95	120	150	185	240
800	0.047	0.076	0.118	0.164	0.232	0.319	0.422	0.516	0.611	0.710	0.822
1000	0.040	0.065	0.100	0.140	0.200	0.272	0.360	0.440	0.521	0.605	0.701
1250	0.026	0.041	0.064	0.089	0.126	0.173	0.228	0.279	0.330	0.384	0.445
1600	0.023	0.037	0.058	0.080	0.113	0.156	0.206	0.252	0.299	0.347	0.402
2000	0.016	0.026	0.040	0.055	0.078	0.108	0.142	0.174	0.206	0.240	0.278
2500	0.013	0.021	0.033	0.046	0.065	0.090	0.118	0.145	0.171	0.200	0.230
3200	0.010	0.016	0.025	0.035	0.050	0.069	0.091	0.111	0.132	0.153	0.177
4000	0.008	0.013	0.020	0.028	0.040	0.055	0.073	0.090	0.106	0.123	0.143
5000	0.006	0.010	0.016	0.022	0.031	0.043	0.057	0.070	0.082	0.096	0.111

注　1．当电缆、电线为铝导体时，表中系数应乘以系数 0.61。

2．本表按 PVC 电缆编制，可适用于交联聚乙烯电缆；当为绝缘导线穿管，截面积为 95mm^2 及以上时，表中系数应乘以系数 0.95。

3．当电缆、电线等效折算到母线槽时，本表的系数取倒数。

表 4.3-6　　ABB 公司 Lmax-C 母线槽等效折算到铜芯电缆、电线的系数

母线槽额定电流（A）	母线槽等效折算到铜芯电缆、电线为下列截面积（mm^2）时的系数										
	10	16	25	35	50	70	95	120	150	185	240
630	0.053	0.085	0.133	0.185	0.262	0.360	0.475	0.581	0.658	0.800	0.927
800	0.043	0.069	0.107	0.148	0.210	0.289	0.382	0.467	0.553	0.643	0.745
1000	0.033	0.052	0.081	0.113	0.160	0.221	0.291	0.357	0.422	0.491	0.568
1250	0.027	0.042	0.066	0.092	0.130	0.179	0.237	0.290	0.343	0.399	0.462
1600	0.018	0.029	0.046	0.064	0.090	0.124	0.164	0.201	0.238	0.276	0.320
2000	0.015	0.024	0.037	0.052	0.074	0.102	0.134	0.164	0.194	0.226	0.262
2500	0.011	0.018	0.027	0.038	0.054	0.074	0.098	0.116	0.142	0.165	0.191
3200	0.009	0.015	0.023	0.032	0.045	0.062	0.082	0.100	0.119	0.138	0.160
4000	0.007	0.011	0.017	0.023	0.033	0.045	0.059	0.072	0.086	0.100	0.116
5000	0.005	0.009	0.013	0.019	0.026	0.036	0.048	0.059	0.069	0.081	0.093

注　1．当电缆、电线为铝导体时，表中系数应乘以系数 0.61。

2．本表按 PVC 电缆编制，可适用于交联聚乙烯电缆；当为绝缘导线穿管，截面积为 95mm^2 及以上时，表中系数应乘以系数 0.95。

3．当电缆、电线等效折算到母线槽时，本表的系数取倒数。

表 4.3－7　西门子公司 XLC－Ⅲ母线槽等效折算到铜芯电缆、电线的系数

母线槽额定电流（A）	母线槽等效折算到铜芯电缆、电线为下列截面积（mm^2）时的系数										
	10	16	25	35	50	70	95	120	150	185	240
630	0.063	0.101	0.157	0.218	0.309	0.426	0.562	0.688	0.814	0.946	1.096
800	0.049	0.078	0.122	0.169	0.240	0.330	0.436	0.533	0.631	0.733	0.850
1000	0.038	0.061	0.095	0.132	0.186	0.257	0.339	0.414	0.490	0.570	0.660
1250	0.028	0.045	0.070	0.097	0.137	0.189	0.250	0.306	0.362	0.421	0.487
1600	0.021	0.034	0.053	0.074	0.105	0.145	0.191	0.234	0.276	0.321	0.372
2000	0.016	0.026	0.041	0.057	0.080	0.110	0.145	0.178	0.211	0.245	0.284
2500	0.012	0.018	0.030	0.040	0.056	0.077	0.102	0.125	0.148	0.172	0.200
3200	0.010	0.016	0.025	0.034	0.049	0.067	0.089	0.109	0.128	0.149	0.173
4000	0.007	0.011	0.018	0.024	0.035	0.048	0.063	0.077	0.091	0.106	0.123
5000	0.005	0.008	0.013	0.018	0.026	0.036	0.047	0.057	0.068	0.079	0.091

注　1. 当电缆、电线为铝导体时，表中系数应乘以系数 0.61。

2. 本表按 PVC 电缆编制，可适用于交联聚乙烯电缆；当为绝缘导线穿管，截面积为 95mm^2 及以上时，表中系数应乘以系数 0.95。

3. 当电缆、电线等效折算到母线槽时，本表的系数取倒数。

4.3.4　折算系数的应用

（1）求分干线电缆线路末端的短路电流：在图 4.3－1 所示配电系统中，母线槽 A 点至 PD11 的电缆线路长度为 L_{11}，求 PD11 配电箱母排处短路电流时，应从表 4.3－3～表 4.3－7 中查得折算系数 K_{11}，则等效折算长度 $=L_1K_{11}+L_{11}$（L_1 为低压柜至 A 点的母线槽长度）。按此折算长度，在《低压配电设计解析》的表 6.5－1～表 6.5－20 中查得短路电流值。

（2）求支干线电缆线路末端的短路电流：在图 4.3－1 所示配电系统中，欲求 PD12 配电箱母排处短路电流值时，应查得母线槽等效折算到 L_{12} 截面积的折算系数 K_{12}，并求得线路 L_{11} 也折算到 L_{12} 截面积时的折算系数 K'_{12}（K'_{12} 等于 L_{12} 与 L_{11} 的截面积之比），则等效折算长度 $=L_1K_{12}+L_{11}K'_{12}+L_{12}$。同上，按此折算长度查得 PD12 处的短路电流值。

（3）用反折算求分干线电缆线路末端的短路电流：如图 4.3－1 所示配电系统中，欲求 PD11 处的短路电流值时，也可将电缆线路等效折算到母线槽的等效长度，则折算长度 $=L_1+\frac{L_{11}}{K_{11}}$，并按此长度从表 4.3－3～表 4.3－7 中查得 PD11

处的短路电流值。

4.3.5 应用示例

示例 1 某高层建筑，在竖井内装设 2500A 珠海光乐公司的母线槽（铜排厚 3mm），接线图及相关参数如图 4.3－2 所示，图中 L_{11} 和 L_{21} 均采用铜芯 PVC 电缆，截面积为（4 × 185 + 95）mm²，长度为 1m。试选择 CB11、CB12 和 CB21 断路器型号及分断能力（I_{cu}）最小应为多少？

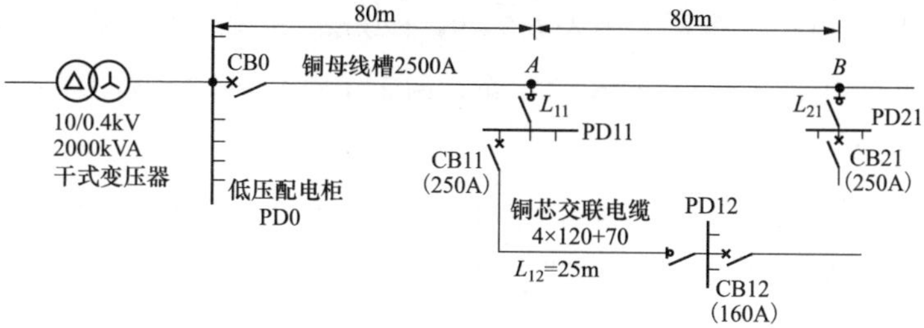

图 4.3－2 配电系统接线图及相关参数

解：（1）确定 CB11 的 I_{cu}。

1）先求 PD11 处的短路电流 I_k。

方法一：等效折算到 A 点：查表 4.3－3，L_{11} 截面积为 185mm² 时折算到 2500A 母线槽的系数为 0.188，等效长度 $= 80+\dfrac{1}{0.188}\approx 85.3\,(\text{m})$。

查表 4.2－5，100m 处的 I_k 为 36.1kA，60m 处的 I_k 为 38.8kA，用插入法求 85.3m 处的 $I_k = 36.1+\left[\dfrac{38.8-36.1}{100-60}\times(100-85.3)\right]=37.09\,(\text{kA})$。

方法二：等效折算到 PD11 配电箱处：等效长度 = 80 × 0.188 + 1 = 16.04（m）。查《低压配电设计解析》中表 6.5－9，截面积为 185mm² 时，10m 处 I_k 为 34.5kA，20m 处 I_k 为 29.8kA，用插入法求得 16m 处 I_k 为 31.7kA。

按《低压配电设计解析》第 6.5.3.4 节（1），此值应乘以系数 1.1，得 PD11 处 I_k = 31.7 × 1.1 = 34.87（kA）。

比较以上两种方法，方法二求得的 I_k 比方法一小 2.22kA，即小 6%。

2）CB11 的分断能力 I_{cu} 不应小于 37.09kA。可选常熟开关制造公司的

4 CM6Z－250L 型智能 MCCB，250A，分断能力为 50kA（标志 L）。

注　如果 PD11 配电箱接有大功率电动机，还要计入反馈的影响。

（2）确定 CB12 的 I_{cu}。

1）先求 PD12 处的短路电流 I_k。将母线槽和线路 L_{11} 分别折算到线路 L_{12}：

母线槽（2500A）折算到 L_{12}（120mm²），查表 4.3－3，折算系数为 0.136；L_{11}（185mm²）折算到 L_{12}（120mm²），按截面积比，折算系数为 $\frac{120}{185}=0.649$。

等效折算长度 = 80 × 0.136 + 1 × 0.649 + 25 = 36.53（m）。

查《低压配电设计解析》中表 6.5－9，120mm²、30m 处 I_k 为 23.2kA，40m 处 I_k 为 19.9kA，用插入法求得 36.53m 处 I_k 为 21.05kA，乘以系数 1.1 后为 21.05 × 1.1 = 23.16（kA）。

2）CB12 的分断能力不应小于 23.16kA，宜选 25 或者 30kA，可选常熟开关制造公司的 CM6－160C 非选择型 MCCB，160A，分断能力为 35kA（标志 C）。

（3）确定 CB21 的 I_{cu}。

1）先求 PD21 处短路电流 I_k。

等效折算到 B 点：同前，折算数为 0.188，等效折算长度 $=160+\frac{1}{0.188}=165.3\,(\text{m})$。

查表 4.2－5：150m 处的 I_k 为 32.6kA，200m 处的 I_k 为 29.4kA，用插入法求得 165.3m 处的 I_k 为 31.62kA。

2）CB21 的分断能力不应低于 31.62kA，宜选择 36kA 或 40kA。可选与 CB11 相同的 CM6Z－250L 型智能断路器。

示例 2　某机械工业厂房，在屋架上装设 2500A 母线槽（珠海光乐公司产品），其接线图和相关参数见图 4.3－2；不同处有两点：一是变压器为油浸式；二是从母线槽引出的分干线 L_{11} 和 L_{21} 的长度为 8m（截面积同示例 1），选择 CB11、CB12 和 CB21 断路器的 I_{cu}。若 L_{12} 线路改用绝缘导线穿管，对短路电流和分断能力有何影响？

解：（1）选择 CB11 的 I_{cu}。

1）先求 PD11 处的短路电流 I_k。等效折算到 A 点：查表 4.3－3，折算系数仍为 0.188。

等效长度 $=80+\frac{8}{0.188}=122.55\,(\text{m})$（实为 PD0 至 PD11 折算到母线槽 A 点

的长度）。

查表 4.2－5：2500A 母线槽，油浸式变压器，100m 处 I_k 为 40.1kA，150m 处 I_k 为 35.4kA，用插入法求得 122.55m 处的 I_k 为 38kA。

2）CB11 的分断能力 I_{cu} 不应小于 38kA，至少应选择 40kA。

（2）选择 CB12 的 I_{cu}。

1）先求 PD12 处的短路电流 I_k。按示例 1 的同样方法，求得等效长度 = 80 × 0.136 + 8 × 0.649 + 25 = 41.07（m）。求得 PD12 处的 I_k 为 20.4kA。

2）CB12 的分断能力不应小于 20.4kA，宜选 25kA 或者 30kA。

（3）若 L_{12} 为绝缘导线穿管，则上述的折算系数 0.136 应乘以系数 0.95，则等效长度为 40.55m，PD12 处的 I_k 为 20.55kA，相差很小，说明乘以系数 0.95 可以省略。

（4）选择 CB21 的分断能力 I_{cu}：同示例 1 方法。

折算到 B 点的等效长度 $= 160+\dfrac{8}{0.188}=202.55\,(\text{m})$，查表 4.2－5，200m 处的 I_k 为 31.4kA，CB21 的分断能力不应低于 31.4kA。

以上两示例的分析和比较：

（1）作为主干线的母线槽，通常额定电流比较大，其阻抗值较小，较大距离处的短路电流仍较大，对断路器的分断能力要求较高。

（2）示例 1 和示例 2 相同位置的短路电流值很接近：示例 1 的 PD11 离 A 点仅 1m，而示例 2 为 8m，但前者为干式变压器，后者为油浸式变压器，后者电抗值比前者小，所以短路电流相差极小。

（3）示例 2 的 L_{12} 线路不用电缆，而是绝缘导线穿管，其短路电流相差很小。

5　电子式和电磁式 RCD 的选型和应用

5.1　RCD 按动作方式分类、特点、现状和未来

5.1.1　RCD 按动作方式分类

按 GB/T 6829—2017《剩余电流动作保护电器（RCD）的一般要求》的 4.1 节，RCD 根据动作方式分类如下：

（1）动作功能与电源电压无关的 RCD（俗称电磁式 RCD）。

（2）动作功能与电源电压有关的 RCD（俗称电子式 RCD）。

注　为叙述简便，本章通称为电子式 RCD 和电磁式 RCD。

5.1.2　电子式和电磁式 RCD 的特点

（1）电磁式 RCD 动作可靠，其动作不依靠电源电压，但制造难度较大，价格较高。

（2）电子式 RCD 的动作要依赖电源电压，在故障条件下，电压可能下降，当剩余电压（残压）下降到某一低值时，电子式 RCD 不能动作，从而大大降低了电子式 RCD 的动作可靠性；但制造相对较容易，价格较低，在我国生产和销售的 RCD 大部分为电子式。

5.1.3 RCD 产品的现状和未来

（1）现状。

1）我国研制生产 RCD 电器已近 40 年，但绝大部分为电子式 RCD，而电磁式 RCD 甚少；工程应用也以电子式 RCD 为主。

2）有的规范要求在某些电击危险场所和重要设备选用电磁式 RCD，但实际应用不太多，且多采用外资企业产品。

3）现在生产的 RCD 在工程应用上仍以适用于正弦交流的 AC 型 RCD 为主，而 A 型、F 型、B 型 RCD 的生产和应用都较少。

4）在德国等欧洲国家，对地标称电压为 230V 的配电系统中，为了安全可靠，选用电磁式 RCD 较多；而在美国，家电、照明、插座回路的对地标称电压为 120V，日本为 100V，多使用电子式 RCD，因为故障时，接触电压可能不超过约定接触电压限值，电击危险性很小。

（2）未来的发展趋势。

1）随着电子技术的进步和广泛应用，如最常用的手机、笔记本电脑等都是电子产品，其可靠性不断提高；RCD 向电子式发展将是必然趋势。

2）随着电子技术的广泛应用，很多设备和场所，如整流设备、变频设备、LED 照明回路、数据中心、金融证券等场所，以及太阳能光伏发电、电动车充电桩等，由于波形畸变，已经不是正弦交流，而是包含有大量的脉动直流或平滑直流以及中频交流等复合波形，需要采用 A 型、F 型及 B 型等 RCD，但这些类型的 RCD 几乎都是电子式的。应用电子式 RCD 和提高其动作可靠性是发展的趋势。

3）未来 RCD 的创新发展，有利于电子式 RCD 的动作可靠，如：

a．发展有自检功能的 RCD，欧美国家已有这类产品，称为“RCD－ST”。

b．研制具有剩余电流预报警功能的 RCD。

c．研制防电源冲击、具有高抗扰型的 RCD 产品。

d．发展多功能综合集成保护电器：过电流保护（短路和过负荷）、剩余电流动作保护（故障防护）和电弧故障防护一体化产品。

e．双极或 4 极 RCD，设置具有功能接地导线（FE 导线），保证电源侧中性导体（N）断线时，由单相和 FE 导体供电，持续提供保护。

5.2 电子式 RCD 的应用条件

5.2.1 电子式 RCD 的最低动作电压限值

（1）GB/T 14048.2—2020《低压开关设备和控制设备　第 2 部分：断路器》的 B8.10.3 条规定：具有剩余电流保护的断路器（CBR）在接地故障引起的过电流导致电压降低到不低于下列数值时，故障电流大于 RCD 的动作电流 $I_{\Delta n}$ 时应脱扣：

1）4 极、单极和双极 CBR——85V；

2）3 极 CBR——额定电压的 70%（即 $0.7U_{nom}$）。

（2）GB/T 6829—2017 的 8.3.3 条规定：对于家用和类似用途的 $I_{\Delta n}$≤0.03A 的 RCD，在电源相对地电压降低到不小于 50V，如出现不小于 $I_{\Delta n}$ 的剩余电流时应能自动动作。

5.2.2 电子式 RCD 可靠动作的条件

（1）电子式 RCD 的根本弱点是在故障条件下，RCD 端的残压（U_{res}）低于标准规定的最低动作电压限值（U_x），而不能动作，失去了故障防护功能。

（2）选用电子式 RCD 的条件是在满足故障条件下，U_{res} 大于 U_x。

（3）本章的任务：分析并计算 U_{res} 大于 U_x 的条件，并编制一套免于计算、简单实用的表格，供电气设计师使用。

5.3 TT 系统电子式 RCD 的应用

5.3.1 故障条件下 RCD 端的残压分析

（1）电路分析：按照王厚余的《建筑物电气装置 600 问》第 20.7 问答进行残压分析。

（2）电路图：TT 系统电路示意图示于图 5.3－1；设备 D 发生接地故障时，故障电流 I_d 和 RCD 进线端的残压示于图 5.3－2 中。

（3）残压：由图 5.3－2 可知，故障时（如设备 D 的相导体触及可导电外壳），RCD 的电源进线端 L' 和 N' 之间的电压，即为残压，此电压是相导体 L' 处与中性线（N）间的电压。

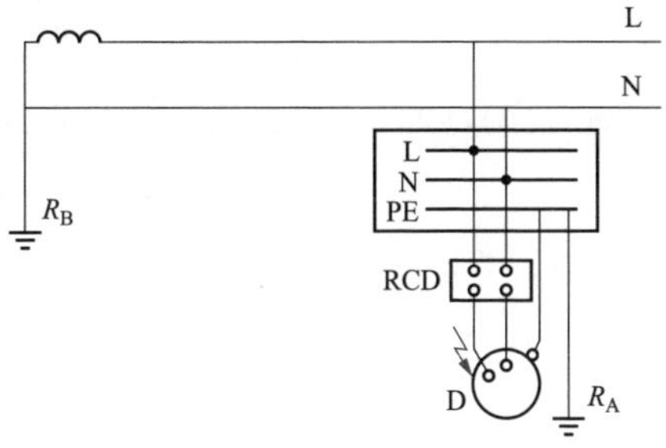

图 5.3－1　TT 系统电路示意图

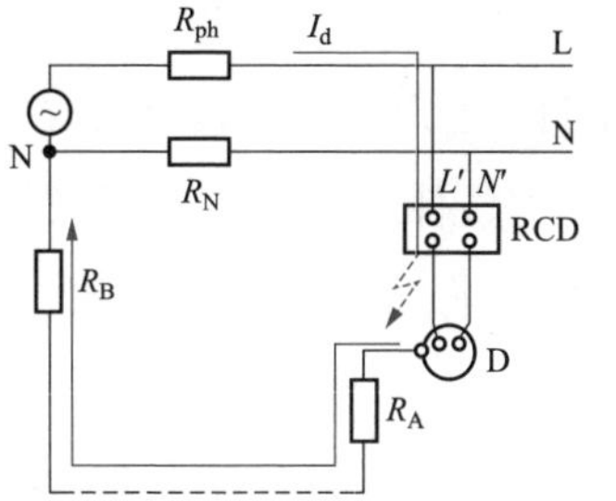

图 5.3－2　TT 系统故障电流和 RCD 残压

5.3.2　故障电流（I_d）计算

由图 5.3－2 可知

$$I_d = \frac{U_{nom}}{R_B + R_A + R_{ph}} \tag{5.3－1}$$

式中　U_{nom}——相导体对地标称电压，V；

R_B——变压器中性点工作接地电阻，Ω；

R_A——外露可导电部分的接地电阻和 PE 导体电阻和，Ω；

R_{ph}——相导体电阻，Ω。

5.3.3　故障条件下 RCD 端的残压

（1）故障条件下 RCD 端的残压 U_{res}：图 5.3－2 中 RCD 电源端 L' 点与 N' 点之间的电压，近似于 L' 点与中性点 N 之间的电压，则

$$U_{res} = I_d(R_A + R_B) = \frac{U_{nom}}{R_B + R_A + R_{ph}} \times (R_A + R_B)$$

即 U_{res} 接近 U_{nom}，比 5.2.1 节规定的 U_x（50、85V 和 0.7 U_{nom}）都大得多，完全满足可靠切断要求。

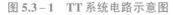

（2）结论：电子式 RCD 用于 TT 系统时，其残压足以保证动作的可靠性。

5.4 TN 系统电子式 RCD 的应用

5.4.1 故障条件下 RCD 端残压的计算

（1）目的：TN 系统故障条件下，RCD 端 U_{res} 的计算，论证 U_{res} 大于 RCD 的 U_x 的条件，即选用电子式 RCD 的必要条件。

（2）符号：为表达清晰方便，结合电路图 5.4－1 设定以下符号：

U_{nom}——相导体对地标称电压，V，本章一律按 220V 设定；

U_{res}——故障条件下 RCD 进线端的残压，V；

U_x——标准规定的 RCD 动作电压限值，V（见 5.2.1 节）；

I_d——TN 系统接地故障电流，A；

$R_{ph \cdot S}$、$R_{PE \cdot S}$——从电源到 RCD 的线路的相导体（ph）和 PE 导体的电阻，Ω；

$S_{ph \cdot S}$、$R_{PE \cdot S}$——从电源到 RCD 的线路的相导体截面积和 PE 导体的截面积，mm^2；

$L_{PE \cdot S}$、$L_{ph \cdot S}$——从电源到 RCD 的线路的 PE 导体和相导体的长度，m；

$R_{ph \cdot F}$、$R_{PE \cdot F}$——从 RCD 到故障点（设定为用电设备处）的线路相导体和 PE 导体的电阻，Ω；

$S_{ph \cdot F}$、$S_{PE \cdot F}$——从 RCD 到故障点的线路的相导体截面积和 PE 导体的截面积，mm^2；

$L_{PE \cdot F}$、$L_{ph \cdot F}$——从 RCD 到故障点的线路的 PE 导体和相导体的长度，m；

K_{xx}——计算残压的系数，为 $L_{PE \cdot F}$ 和 $L_{PE \cdot S}$ 之比，包括 K_{50A}、K_{50B}、K_{85A}、K_{85B}、K_{154A}、K_{154B}，如 K_{50A} 为 $U_x = 50$V、状况 A 的计算系数。

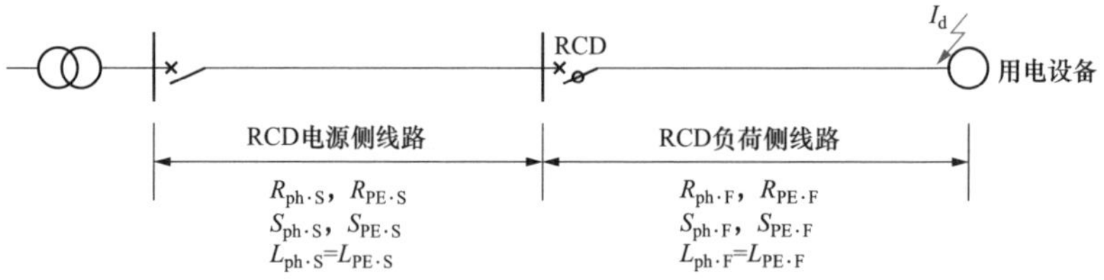

图 5.4－1　电路图

（3）残压的计算。

1）计算条件。

a．配电线路，包括 RCD 两侧的线路，为电缆或绝缘导线穿管，忽略线路电抗和电源阻抗，只计算线路电阻。

b．PE 导体和相导体在同一电缆内或同一外护物内，即 PE 和相导体长度相等，$L_{PE\cdot S}=L_{ph\cdot S}$，$L_{PE\cdot F}=L_{ph\cdot F}$。

c．计算残压时，计入了可靠系数 1.1，以确保 RCD 动作的可靠性。

2）残压 U_{res} 和故障电流计算式。TN 系统故障电流示意图见图 5.4-2。

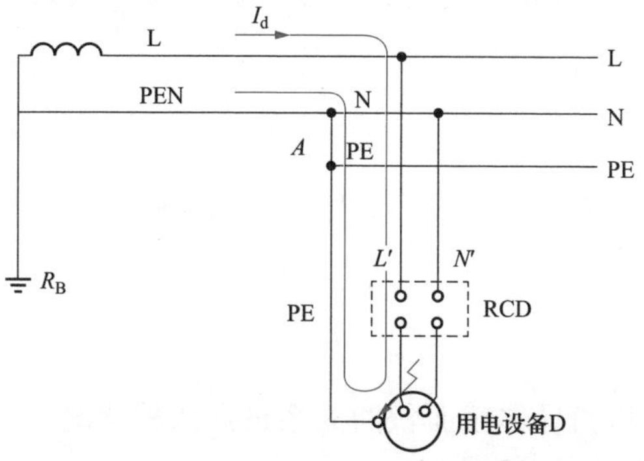

图 5.4－2　TN 系统故障电流示意图

注　图 5.4－2 表示 TN-C-S 系统 RCD 装设在靠近 PE 和 N 线分开点（*A* 点）处，此种情况下，设备 D 发生接地故障时，RCD 进线端的残压 U_{res}（*L'*点和 *N'*点间）最小，按此值考核 RCD 的动作可靠性更安全。当 RCD 装设在距 *A* 点较远时，或采用 TN-S 时，其残压 U_{res} 都将增大，更能保证 RCD 可靠动作。

a．RCD 进线端的残压 U_{res}

$$U_{res}=I_d\ (R_{ph\cdot F}+R_{PE\cdot F}) \tag{5.4－1}$$

b．故障电流 I_d

$$I_d=\frac{U_{nom}}{R_{ph\cdot S}+R_{ph\cdot F}+R_{PE\cdot S}+R_{PE\cdot F}} \tag{5.4－2}$$

c．要求残压大于 U_x

$$U_{res}>U_x \tag{5.4－3}$$

3）计算式变换：将式（5.4－2）和式（5.4－3）代入式（5.4－1），得

$$\frac{U_{nom}}{R_{ph\cdot S}+R_{PE\cdot S}+R_{ph\cdot F}+R_{PE\cdot F}}\times(R_{ph\cdot F}+R_{PE\cdot F})>U_x，移项得$$

$$U_{nom} > U_x \frac{(R_{ph\cdot S} + R_{PE\cdot S}) + (R_{ph\cdot F} + R_{PE\cdot F})}{R_{ph\cdot F} + R_{PE\cdot F}}$$

即

$$U_{nom} > U_x \frac{R_{ph\cdot S} + R_{PE\cdot S}}{R_{ph\cdot F} + R_{PE\cdot F}} + U_x$$

$U_{nom} - U_x > U_x \dfrac{R_{ph\cdot S} + R_{PE\cdot S}}{R_{ph\cdot F} + R_{PE\cdot F}}$，移项后得

$$R_{ph\cdot F} + R_{PE\cdot F} > \frac{U_x}{U_{nom} - U_x}(R_{ph\cdot S} + R_{PE\cdot S}) \tag{5.4-4}$$

4）将式（5.4－4）的 R 变换为 L 和 S，按 $R = \rho \dfrac{L}{S}$ 代入式（5.4－4）

$$\frac{L_{ph\cdot F}}{S_{ph\cdot F}} + \frac{L_{PE\cdot F}}{S_{PE\cdot F}} > \frac{U_x}{U_{nom} - U_x}\left(\frac{L_{ph\cdot S}}{S_{ph\cdot S}} + \frac{L_{PE\cdot S}}{S_{PE\cdot S}}\right) \tag{5.4-5}$$

由于 $L_{ph\cdot F} = L_{PE\cdot F}$，$L_{ph\cdot S} = L_{PE\cdot S}$，代入式（5.4－5）得

$$L_{PE\cdot F}\left(\frac{1}{S_{ph\cdot F}} + \frac{1}{S_{PE\cdot F}}\right) > \frac{U_x}{U_{nom} - U_x}\left(\frac{1}{S_{ph\cdot S}} + \frac{1}{S_{PE\cdot S}}\right) L_{PE\cdot S} \tag{5.4-6}$$

（4）按 PE 导体和相导体截面积的关系设定两种状况。

1）状况 A，包括以下两种情形：

a．$S_{PE\cdot F} = S_{ph\cdot F}$，$S_{PE\cdot S} = S_{ph\cdot S}$；

b．$S_{PE\cdot F} = 0.5S_{ph\cdot F}$，$S_{PE\cdot S} = 0.5S_{ph\cdot S}$。

2）状况 B：$S_{PE\cdot F} = S_{ph\cdot F}$，$S_{PE\cdot S} = 0.5S_{ph\cdot S}$。

（5）两种状况的残压计算式。

1）状况 A：按上述状况 A 的两种情况代入式（5.4－6），整理后得

$$L_{PE\cdot F} > \frac{U_x}{U_{nom} - U_x} \times \frac{S_{PE\cdot F}}{S_{PE\cdot S}} \times L_{PE\cdot S} \tag{5.4-7}$$

2）状况 B：按上述条件代入式（5.4－6），整理后得

$$L_{PE\cdot F} > \frac{U_x}{U_{nom} - U_x} \times \frac{3}{4} \times \frac{S_{PE\cdot F}}{S_{PE\cdot S}} \times L_{PE\cdot S} \tag{5.4-8}$$

5.4.2 计算残压的系数 K_{xx}

（1）设定系数 K_{xx}：为方便实用，将式（5.4－7）和式（5.4－8）中的 $\dfrac{U_x}{U_{nom} - U_x}$

设定为系数 K_{xx}；按本章 5.2.1 节，U_x 有三种数值，则 K_{xx} 将有三组不同数值；按 5.4.1（4），残压计算式又分为状况 A 和状况 B 两种，则 K_{xx} 值共有 6 种。

1）K_{50A}、K_{85A}、K_{154A}——按式（5.4－7）计算；

2）K_{50B}、K_{85B}、K_{154B}——按式（5.4－8）计算。

（2）为保证动作可靠，式（5.4－7）和式（5.4－8）计入可靠系数 1.1，得出 6 种 K_{xx} 值的计算式如下：

1）$$K_{50A}=\frac{50}{220-50}\times1.1\times\frac{S_{PE\cdot F}}{S_{PE\cdot S}}\approx0.33\times\frac{S_{PE\cdot F}}{S_{PE\cdot S}} \tag{5.4-9}$$

2）$$K_{85A}=\frac{85}{220-85}\times1.1\times\frac{S_{PE\cdot F}}{S_{PE\cdot S}}\approx0.7\times\frac{S_{PE\cdot F}}{S_{PE\cdot S}} \tag{5.4-10}$$

3）$$K_{154A}=\frac{154}{220-154}\times1.1\times\frac{S_{PE\cdot F}}{S_{PE\cdot S}}\approx2.57\times\frac{S_{PE\cdot F}}{S_{PE\cdot S}} \tag{5.4-11}$$

4）$$K_{50B}=\frac{50}{220-50}\times\frac{3}{4}\times1.1\times\frac{S_{PE\cdot F}}{S_{PE\cdot S}}\approx0.25\times\frac{S_{PE\cdot F}}{S_{PE\cdot S}} \tag{5.4-12}$$

5）$$K_{85B}=\frac{85}{220-85}\times\frac{3}{4}\times1.1\times\frac{S_{PE\cdot F}}{S_{PE\cdot S}}\approx0.52\times\frac{S_{PE\cdot F}}{S_{PE\cdot S}} \tag{5.4-13}$$

6）$$K_{154B}=\frac{154}{220-154}\times\frac{3}{4}\times1.1\times\frac{S_{PE\cdot F}}{S_{PE\cdot S}}\approx1.93\times\frac{S_{PE\cdot F}}{S_{PE\cdot S}} \tag{5.4-14}$$

（3）将以上 6 种 K_{xx} 值综合式（5.4－7）和式（5.4－8），得出以下的通用式

$$L_{PE\cdot F}>K_{xx}L_{PE\cdot S} \tag{5.4-15}$$

5.4.3 编制系数 K_{xx} 值表

（1）编制出系数 K_{xx} 值表，就很容易从式（5.4－15）中按 RCD 两侧的 PE 导体长度（$L_{PE\cdot F}$ 和 $L_{PE\cdot S}$）确定是否满足 U_{res} 大于 U_x。

（2）分别按状况 A、B 以及三种 U_x 值共 6 种 K_{xx} 值编制表，列于表 5.4－1～表 5.4－6。

5.4.4 TN 系统电子式 RCD 的应用方法

（1）按 PE 导体和相导体截面积关系，以及 U_x 两个状况确定某一 K_{xx} 值，从表 5.4－1～表 5.4－6 中之一查得系数 K_{xx}。

（2）将 RCD 两侧线路的 PE 导体长度（$L_{PE\cdot F}$ 和 $L_{PE\cdot S}$）代入式（5.4－15），满足该不等式者，就能保证故障时 RCD 的 U_{res} 大于 U_x，能够可靠动作。

表 5.4－1　　TN 系统故障时 RCD 端残压的计算系数 K_{50A}

$S_{PE\cdot F}$（mm²） \ $S_{PE\cdot S}$（mm²）	2.5	4	6	10	16	25	35	50	70	95	120	150	185
1.5	0.200	0.130	0.083	0.050	0.031	0.020	0.015	0.010	0.007	0.006	0.005	0.004	0.003
2.5	0.330	0.210	0.140	0.083	0.052	0.033	0.024	0.017	0.012	0.009	0.007	0.006	0.005
4	—	0.330	0.220	0.132	0.083	0.053	0.038	0.027	0.019	0.014	0.011	0.009	0.007
6	—	—	0.330	0.200	0.124	0.080	0.057	0.040	0.029	0.021	0.017	0.014	0.011
10	—	—	—	0.330	0.210	0.132	0.095	0.066	0.048	0.035	0.028	0.022	0.018
16	—	—	—	—	0.330	0.212	0.151	0.110	0.076	0.056	0.044	0.036	0.029
25	—	—	—	—	—	0.330	0.236	0.165	0.118	0.087	0.069	0.055	0.045
35	—	—	—	—	—	—	0.330	0.231	0.165	0.122	0.097	0.077	0.063
50	—	—	—	—	—	—	—	0.330	0.240	0.174	0.138	0.110	0.090
70	—	—	—	—	—	—	—	—	0.330	0.244	0.193	0.154	0.125

注　1．本表适用于：①U_x 为 50V；②状况 A：$S_{PE\cdot S}=S_{ph\cdot S}$，$S_{PE\cdot F}=S_{ph\cdot F}$ 或 $S_{PE\cdot S}=0.5S_{ph\cdot S}$，$S_{PE\cdot F}=0.5S_{ph\cdot F}$。

2．按 RCD 前后的线路均为铜导体编制，当同为铝导体时适用；当 RCD 前的线路为铝导体，RCD 后的线路为铜导体时，表中系数应乘以系数 1.64。

表 5.4－2　　TN 系统故障时 RCD 端残压的计算系数 K_{50B}

$S_{PE\cdot F}$（mm²） \ $S_{PE\cdot S}$（mm²）	2.5	4	6	10	16	25	35	50	70	95	120	150	185
1.5	0.15	0.094	0.063	0.038	0.024	0.015	0.011	0.008	0.006	0.004	0.004	0.003	0.002
2.5	0.250	0.157	0.105	0.063	0.040	0.025	0.018	0.013	0.009	0.007	0.006	0.005	0.004
4	—	0.250	0.167	0.100	0.063	0.040	0.029	0.020	0.015	0.011	0.009	0.007	0.006
6	—	—	0.250	0.150	0.094	0.060	0.043	0.030	0.022	0.016	0.013	0.010	0.008
10	—	—	—	0.250	0.157	0.100	0.072	0.050	0.036	0.027	0.021	0.017	0.014
16	—	—	—	—	0.250	0.160	0.115	0.080	0.058	0.043	0.034	0.027	0.022
25	—	—	—	—	—	0.250	0.179	0.125	0.090	0.066	0.052	0.042	0.034
35	—	—	—	—	—	—	0.250	0.175	0.125	0.093	0.073	0.059	0.048

注　1．本表适用于：①U_x 为 50V；②状况 B：$S_{PE\cdot S}=0.5S_{ph\cdot S}$，$S_{PE\cdot F}=S_{ph\cdot F}$。

2．按 RCD 前后的线路均为铜导体编制，当同为铝导体时适用；当 RCD 前的线路为铝导体，RCD 后的线路为铜导体时，表中系数应乘以系数 1.64。

表 5.4－3　　　　　TN 系统故障时 RCD 端残压的计算系数 K_{85A}

$S_{PE·S}$ (mm^2) / $S_{PE·F}$ (mm^2)	2.5	4	6	10	16	25	35	50	70	95	120	150	185
1.5	0.420	0.263	0.175	0.105	0.066	0.042	0.030	0.021	0.015	0.012	0.009	0.007	0.006
2.5	0.700	0.438	0.292	0.175	0.110	0.070	0.050	0.035	0.025	0.019	0.015	0.012	0.010
4	—	0.700	0.467	0.280	0.175	0.112	0.080	0.056	0.040	0.030	0.021	0.019	0.016
6	—	—	0.700	0.420	0.263	0.168	0.120	0.084	0.060	0.045	0.035	0.028	0.023
10	—	—	—	0.700	0.438	0.280	0.200	0.140	0.100	0.074	0.059	0.047	0.038
16	—	—	—	—	0.700	0.448	0.320	0.224	0.160	0.118	0.092	0.075	0.061
25	—	—	—	—	—	0.700	0.500	0.350	0.250	0.185	0.146	0.117	0.095
35	—	—	—	—	—	—	0.700	0.490	0.350	0.258	0.205	0.164	0.133
50	—	—	—	—	—	—	—	0.700	0.500	0.369	0.292	0.234	0.190
70	—	—	—	—	—	—	—	—	0.700	0.516	0.409	0.327	0.265

注　1. 本表适用于：①U_x 为 85V；②状况 A：$S_{PE·S}=S_{ph·S}$，$S_{PE·F}=S_{ph·F}$ 或 $S_{PE·S}=0.5S_{ph·S}$，$S_{PE·F}=0.5S_{ph·F}$。

2. 按 RCD 前后的线路均为铜导体编制，当同为铝导体时适用；当 RCD 前的线路为铝导体，RCD 后的线路为铜导体时，表中系数应乘以系数 1.64。

表 5.4－4　　　　　TN 系统故障时 RCD 端残压的计算系数 K_{85B}

$S_{PE·S}$ (mm^2) / $S_{PE·F}$ (mm^2)	2.5	4	6	10	16	25	35	50	70	95	120	150	185
1.5	0.312	0.195	0.130	0.078	0.049	0.032	0.023	0.016	0.012	0.009	0.007	0.006	0.005
2.5	0.520	0.325	0.217	0.130	0.082	0.052	0.038	0.026	0.019	0.014	0.011	0.009	0.007
4	—	0.520	0.347	0.208	0.130	0.084	0.060	0.042	0.030	0.022	0.018	0.014	0.012
6	—	—	0.520	0.312	0.195	0.125	0.090	0.063	0.045	0.033	0.026	0.021	0.017
10	—	—	—	0.520	0.325	0.208	0.149	0.104	0.075	0.055	0.044	0.035	0.029
16	—	—	—	—	0.520	0.333	0.238	0.167	0.119	0.088	0.070	0.056	0.045
25	—	—	—	—	—	0.520	0.372	0.260	0.186	0.137	0.109	0.087	0.071
35	—	—	—	—	—	—	0.520	0.364	0.260	0.192	0.152	0.122	0.099
50	—	—	—	—	—	—	—	0.520	0.372	0.274	0.217	0.174	0.141
70	—	—	—	—	—	—	—	—	0.520	0.384	0.304	0.243	0.197

注　1. 本表适用于：①U_x 为 85V；②状况 B：$S_{PE·S}=0.5S_{ph·S}$，$S_{PE·F}=S_{ph·F}$。

2. 按 RCD 前后的线路均为铜导体编制，当同为铝导体时适用；当 RCD 前的线路为铝导体，RCD 后的线路为铜导体时，表中系数应乘以系数 1.64。

表 5.4－5　　　　TN 系统故障时 RCD 端残压的计算系数 K_{154A}

$S_{PE\cdot F}$ (mm²) \ $S_{PE\cdot S}$ (mm²)	2.5	4	6	10	16	25	35	50	70	95	120	150	185
1.5	1.542	0.964	0.643	0.386	0.241	0.155	0.111	0.077	0.055	0.041	0.033	0.026	0.021
2.5	2.570	1.607	1.071	0.643	0.401	0.257	0.184	0.129	0.092	0.068	0.054	0.043	0.035
4	—	2.570	1.714	1.028	0.643	0.412	0.294	0.206	0.147	0.109	0.086	0.069	0.056
6	—	—	2.570	1.542	0.964	0.617	0.441	0.309	0.221	0.163	0.129	0.103	0.084
10	—	—	—	2.570	1.607	1.028	0.735	0.514	0.368	0.271	0.215	0.172	0.139
16	—	—	—	—	2.570	1.645	1.175	0.823	0.588	0.433	0.343	0.275	0.223
25	—	—	—	—	—	2.570	1.836	1.285	0.918	0.677	0.536	0.429	0.348
35	—	—	—	—	—	—	2.570	1.800	1.285	0.947	0.750	0.600	0.487
50	—	—	—	—	—	—	—	2.570	1.836	1.353	1.071	0.857	0.695
70	—	—	—	—	—	—	—		2.570	1.894	1.500	1.200	0.973

注　1. 本表适用于：①U_x 为 154V（$0.7U_{nom}$）；②状况 A：$S_{PE\cdot S}=S_{ph\cdot S}$，$S_{PE\cdot F}=S_{ph\cdot F}$ 或 $S_{PE\cdot S}=0.5S_{ph\cdot S}$，$S_{PE\cdot F}=0.5S_{ph\cdot F}$。

2. 按 RCD 前后的线路均为铜导体编制，当同为铝导体时适用；当 RCD 前的线路为铝导体，RCD 后的线路为铜导体时，表中系数应乘以系数 1.64。

表 5.4－6　　　　TN 系统故障时 RCD 端残压的计算系数 K_{154B}

$S_{PE\cdot F}$ (mm²) \ $S_{PE\cdot S}$ (mm²)	2.5	4	6	10	16	25	35	50	70	95	120	150	185
1.5	1.158	0.724	0.483	0.290	0.181	0.116	0.083	0.058	0.042	0.031	0.025	0.020	0.016
2.5	1.930	1.207	0.805	0.483	0.302	0.193	0.138	0.097	0.069	0.051	0.041	0.033	0.026
4	—	1.930	1.287	0.772	0.483	0.309	0.221	0.155	0.111	0.082	0.065	0.052	0.042
6	—	—	1.930	1.158	0.724	0.464	0.331	0.232	0.166	0.122	0.097	0.078	0.063
10	—	—	—	1.930	1.207	0.772	0.552	0.386	0.276	0.204	0.161	0.129	0.105
16	—	—	—	—	1.930	1.236	0.883	0.618	0.442	0.325	0.258	0.206	0.167
25	—	—	—	—	—	1.930	1.379	0.965	0.690	0.508	0.402	0.322	0.261
35	—	—	—	—	—	—	1.930	1.350	0.965	0.711	0.563	0.451	0.366
50	—	—	—	—	—	—	—	1.930	1.379	1.016	0.805	0.644	0.522
70	—	—	—	—	—	—	—	—	1.930	1.423	1.126	0.900	0.731

注　1. 本表适用于：①U_x 为 154V（$0.7U_{nom}$）；②状况 B：$S_{PE\cdot S}=0.5S_{ph\cdot S}$，$S_{PE\cdot F}=S_{ph\cdot F}$。

2. 按 RCD 前后的线路均为铜导体编制，当同为铝导体时适用；当 RCD 前的线路为铝导体，RCD 后的线路为铜导体时，表中系数应乘以系数 1.64。

5.4.5 应用示例

示例 1 如图 5.4－3 所示的线路及参数，请问 RCD 到故障点的末端线路至少为多少米，才能选用电子式 RCD？

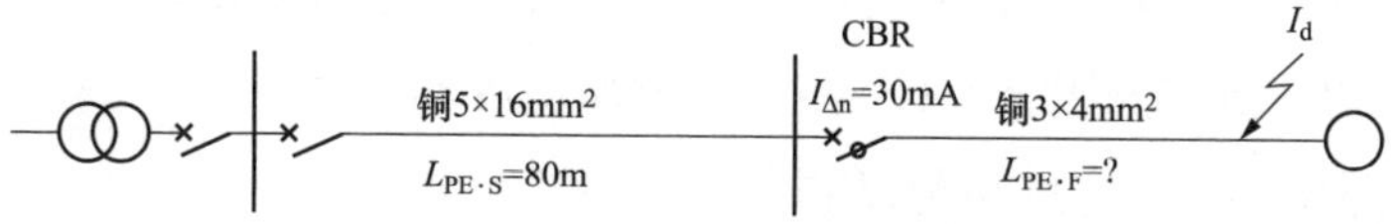

图 5.4－3 线路及参数示意图 1

解：RCD 的 $I_{\Delta n}=30mA$，其 U_x 为 50V，查表 5.4－1，$S_{PE·S}=16mm^2$，$S_{PE·F}=4mm^2$ 时，$K_{50A}=0.083$。

按式（5.4－15）：$L_{PE·F}>0.083\times80=6.64$（m）。

所以，RCD 到故障点的末端线路长度大于 6.64m，即有大于 U_x（50V）的残压保证 RCD 可靠动作，可以选用电子式 RCD。

示例 2 如图 5.4－4 所示的线路及参数，RCD 是否可以选用电子式？

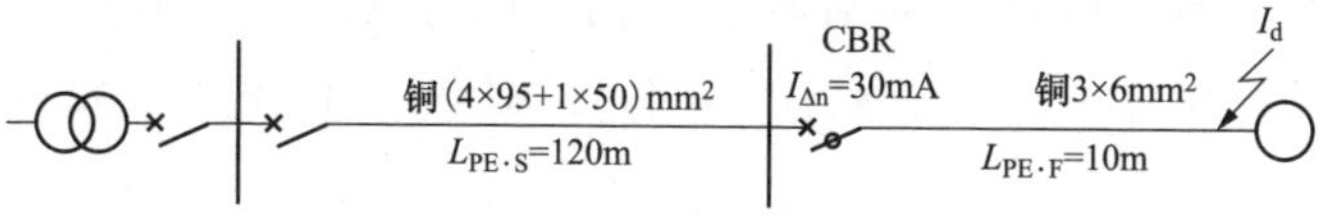

图 5.4－4 线路及参数示意图 2

解：RCD 的 $I_{\Delta n}=30mA$，其 U_x 为 50V；PE 导体的 $L_{PE·S}$ 为相导体的一半，属于状况 B。查表 5.4－2，$S_{PE·S}=50mm^2$，$S_{PE·F}=6mm^2$ 时，$K_{50B}=0.03$。

按式（5.4－15）：最小 $L_{PE·F}$ 应大于 $120\times0.03=3.6$（m）。

实际 $L_{PE·F}$ 为 10m，远大于 3.6m 的要求，选用电子式 RCD 能可靠动作。

示例 3 TN 系统的配电线路，其参数如图 5.4－5 所示，试问末端故障时，RCD 进线端的残压能否保证 RCD 可靠动作？

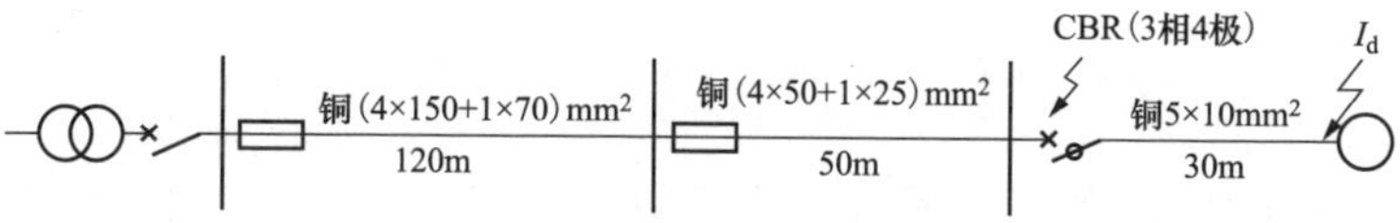

图 5.4－5 线路及参数示意图 3

解：3 相 4 极 RCD，U_x 应为 85V。

首先将 RCD 电源侧的两级配电线路等效折算到截面积相同的一级线路，按《低压配电设计解析》的表 5.4－12，查得折算系数为 0.35。

则 $L_{PE\cdot S}$ 的等效长度 = 120 × 0.35 + 50 = 92（m）（已折算到“铜 4 × 50 + 1 × 25”的长度），查表 5.4－4，$S_{PE\cdot S}$ = 25mm²，$S_{PE\cdot F}$ = 10mm² 时，K_{85B} = 0.208。

92 × 0.208 = 19.14（m），而 $L_{PE\cdot F}$ 为 30m，远大于 19.14m，能保证可靠动作。

示例 4 TN 系统配电线路，各项参数如图 5.4－6 所示，问末端故障时，RCD 的残压能否保证 RCD 可靠动作？

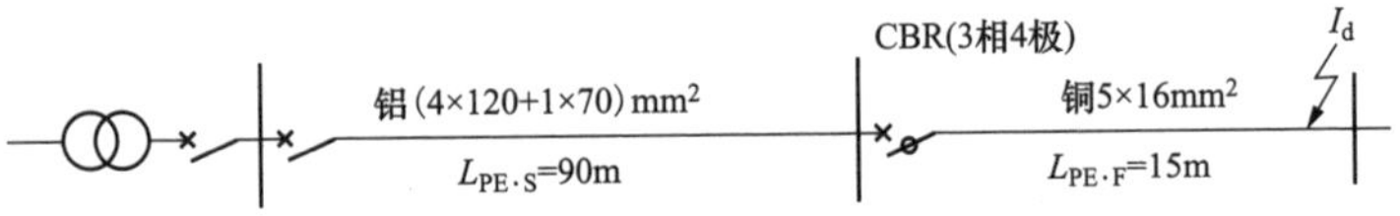

图 5.4－6　线路及参数示意图 4

解：3 相 4 极 RCD，其 U_x 应为 85V，查表 5.4－4，K_{85B} = 0.119。

$L_{PE\cdot F}$ 应大于 90 × 0.119 × 1.64 = 17.56（m）；本题的 $L_{PE\cdot F}$ = 15m，不满足式（5.4－15）的不等式，不能使用电子式 RCD。但可以采取措施：将 $L_{PE\cdot S}$ 的截面积从 70mm² 加大到 120mm²，同该回路的相导体等截面积，此时，查表 5.4－3：$L_{PE\cdot S}$ = 120mm²，$L_{PE\cdot F}$ = 16 时，K_{85A} = 0.092，则 90 × 0.092 × 1.64 = 13.58（m），此时实际 $L_{PE\cdot F}$ 为 15m，可满足式（5.4－15）要求，可保证在故障时可靠切断，可以选用电子式 RCD。

应指出，本示例这项措施不一定能满足可靠切断，除非将 RCD 前的配电线路包括相导体和 PE 导体再加大，达到式（5.4－15）要求，但增加费用较大。

示例 5 TN 系统三级配电线路，各项参数如图 5.4－7 所示，试问 RCD 能否选用电子式？

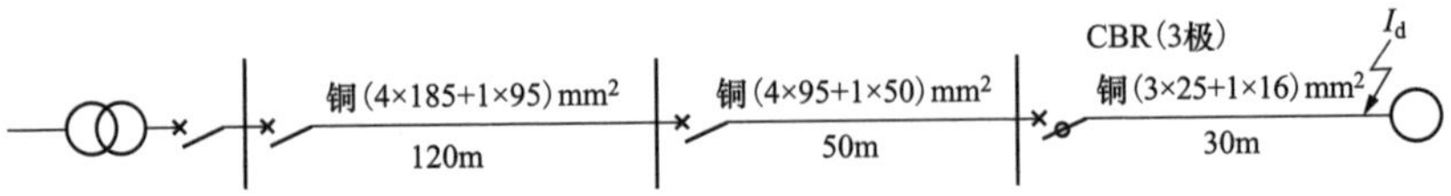

图 5.4－7　线路及参数示意图 5

解：先将 RCD 电源侧的两级线路等效折算到相同截面积的一级线路，按《低压配电设计解析》的表 5.4－12，查得折算系数为 0.52。

折算长度 $L_{PE\cdot S}$ = 120×0.52+50 = 112.4（m）[折算到“铜（4×95+1×50）mm²”

的长度]。RCD 为 3 极，其 $U_x = 154V$，查表 5.4－5，$K_{154A} = 0.823$。

$L_{PE \cdot F}$ 应大于：$112.4 \times 0.823 = 92.51$（m），而实际仅为 30m，不满足切断要求的残压，不能用电子式 RCD。

如果条件允许，将 RCD 改用了 3 相 4 极（即增加 N 极），则 U_x 只要求大于 85V 即可，则按表 5.4－3，查得 $K_{85A} = 0.224$，此时 $L_{PE \cdot F}$ 只要大于 $112.4 \times 0.224 = 25.18$（m），而 $L_{PE \cdot F}$ 长度实际为 30m，可满足式（5.4－15）要求，可以选用电子式。

5.4.6 不满足切断要求时采取的措施

TN 系统发生接地故障时，电子式 RCD 端的残压大部分可以满足切断故障要求，本节已进行了论证；但还有一部分满足不了式（5.4－15）的条件，应该采取以下的一项或多项措施。

（1）设置“辅助等电位联结（SEB）”，这是通用要求，RCD 不论是否能可靠切断，设置 SEB 可以使故障时的接触电压（注意：不是残压）降到交流 50V 以下，以确保安全。

（2）有条件时，采用 TT 接地系统。

（3）发展和逐步应用“有自检功能的 RCD”（RCD—ST）。美国于 2015 年将这项要求列入“UL”标准；我国于 2018 年制定了一项“团体标准”，国内企业已研制了这类产品，如良信电器的 NDB1LE—63Z 型、正泰的 NXBLE—63ZB 型；该产品可降低电子式 RCD 的失效率，提高其可靠性，但是并不能解决故障时残压低而不能可靠动作的问题。

（4）末端回路为双极（或 1 极加 N 极）时，应尽量选择 $I_{\Delta n}$ 为 30mA 的 RCD，容易满足残压较低（不小于 50V）时的可靠动作。

（5）三相回路选用 4 极（3 极加 N 极）RCD，比 3 极 RCD 容易满足残压大于 RCD 动作电压限值（$U_x > 85V$）的要求。

（6）增加 RCD 至故障点间线路长度（$L_{PE \cdot F}$），如环绕几圈。

（7）有条件时，尽量减小 RCD 至故障点间线路的截面积。

（8）适当增加电源至 RCD 间线路的 PE 导体截面积。

（9）如有可能，将装设 RCD 的配电箱位置前移，以适当缩短 $L_{PE \cdot S}$ 长度，加大 $L_{PE \cdot F}$ 长度，从而加大故障时 RCD 端的残压。

（10）如果必须采用 TN 接地系统，已采取上述第（4）～第（9）项措施之一或多项后，仍不能满足式（5.4－15）要求时，则应选择电磁式 RCD。

5.5 总结

（1）电子式和电磁式 RCD 的选择，多年来在电气设计界颇有议论，电子式 RCD 在故障时不能保证可靠动作，失去故障防护的作用；而电磁式 RCD 价格贵，国内生产较少。

（2）在当今技术发展的潮流中，电子式 RCD 的推广应用是必然趋势；随着整流、调速、光伏等领域的发展，导致波形畸变，适应于正弦交流的 AC 型 RCD 在很多电路中不能使用，相当一部分电路必将选用 A 型、F 型以及 B 型 RCD，而这些类型 RCD 几乎都是电子式产品；合理解决电子式 RCD 的应用条件、保证可靠动作的课题十分必要。

（3）本章的任务，是通过分析故障条件下 RCD 的 U_{res} 计算，论证了 U_{res} 大于 U_x 的条件，建立了保证电子式 RCD 可靠动作的条件，确立了这个条件即满足式（5.4－15）要求；并为此编制了 6 种 K_{xx} 值表，方便校核，科学地回答了电子式 RCD 可靠应用的问题。

（4）电子式 RCD 用于 TT 接地系统，可保证可靠动作，不必校验。

6　树干式系统分干线的导体截面积选择

6.1　分干线特点和提出的问题

6.1.1　各级配电线路概述

（1）配电系统现状：近四十年来，多层、高层、超高层建筑大量兴建，低压配电系统几乎都是采用树干式，在各楼层分接到配电箱，再以放射式配电的形式接到下一级配电箱或用电设备；工业厂房（主要是机械工业）也多采用这种配电系统。

（2）各级配电线路的名称：由于没有标准规定的名称，为讨论方便，本章暂时设定各级配电线路名称，标识在图 6.1－1 中。

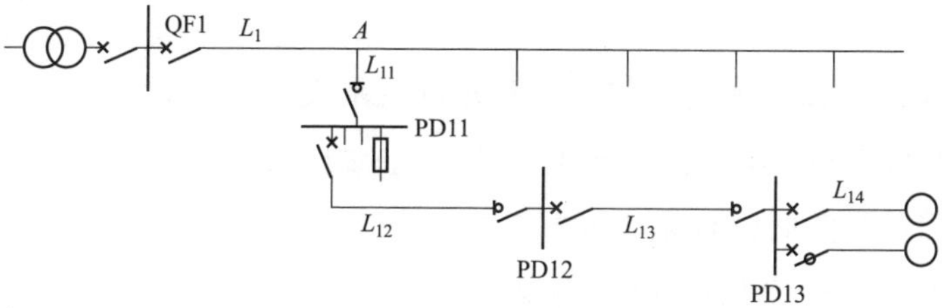

图 6.1－1　配电系统示意图

1）主干线：图 6.1－1 中 L_1，从变电站低压配电柜引出的树干式馈线，多用母线槽，其额定电流（或截面积）通常比较大；由于其重要性，首端的保护电器（QF1）通常采用具有四段保护性能的选择型断路器；当电流较小（如 500A 以下），主干线长度很短时，也可用熔断器，或非选择型断路器，但后者动作选择性不好，不推荐使用。

2）分干线：图 6.1－1 中 L_{11}，从 A 点到配电箱 PD11 的一段配电线路，其长度很短，又无专设的保护电器，本章从此处展开，讨论分干线的技术要求。

3）支干线：图 6.1－1 中 L_{12}，从配电箱 PD11 到下一台配电箱 PD12 的线路，若配电级数减少时，可取消这级线路。

4）支线：图 6.1－1 中 L_{13}，终端配电箱 PD13 前的配电回路。

5）终端回路：图 6.1－1 中 L_{14}，从终端配电箱到用电设备和插座的线路。

6.1.2　分干线的特点

（1）线路长度小：高层建筑主干线装设在竖井内，接至各楼层的分干线通常只有 0.5～3m；单层工业厂房主干线通常安装在高处，引下到配电箱的分干线长度从几米到十几米。

（2）没有专门装设保护电器，而依靠主干线的保护电器（如图 6.1－1 中的 QF1）作短路和接地故障防护，对分干线的截面积有着诸多要求。

（3）为什么不装设专门的保护电器？对于高层建筑，分干线长度非常短，没有必要装设保护电器；对于工业厂房，则需要在 5～6m 以上高空的分干线上装设保护电器，操作、维护十分不便。

6.1.3　提出的问题

几年来全国建筑电气设计师提出了关于分干线截面积选择的诸多问题，归纳为以下几项：

（1）分干线截面积如何确定，国家标准规范没有具体规定。

（2）GB 50054—2011《低压配电设计规范》的 6.2.5 条规定“不应超过 3m”，不超过 3m 时，对截面积有无要求？

（3）如分干线长度超过 3m，其截面积应如何计算？

（4）GB 50054—2011 中 6.3.4 条“过负荷保护电器离导体载流量减小处的距离不超过 3m”如何理解？超过 3m 应如何处理？

（5）分干线发生接地故障时有什么要求？

6.1.4　本章的目的

（1）理解和分析国家标准、规范有关的规定。

（2）回答电气设计师提出的各个问题和质疑。

（3）研究完整的解决方案，提出确定分干线导体截面积的计算条件和方法，编制方便实用的免计算图表。

6.2　《低压配电设计规范》有关规定的分析

6.2.1　关于短路保护的规定

（1）依据标准、规范（通称标准）。

1）GB 50054—2011 中 6.2.5 条规定：导体载流量减小处一段线路长度不应超过 3m（见图 6.2－1）；同时应采取措施将该段线路（即图 6.2－1 中分干线 *AB*）的短路危险减至最小；该段线路不应靠近可燃物。

注　导体载流量减小处，包括主干线的分干线（如图 6.2－1 中的 *AB* 线路），这种情况是最常见的。

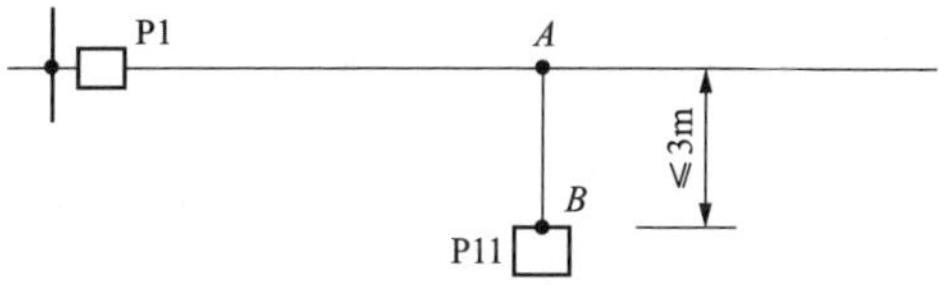

图 6.2－1　主干线路分干线和保护电器示意图

2）GB 50054—2011 中 6.2.6 条规定的含义是：导体载流量减小的回路发生短路时，上一级的短路保护电器应能切断，并满足短路热稳定要求，但应敷设在不燃或难燃的管、槽内。

以上规定是和 IEC 相关标准规定一致的，详见等同 IEC 标准的 GB/T 16895.5—2012《低压电气装置　第 4－43 部分：安全防护过电流保护》中 434.2 节。

GB 50054 新修订的报批稿，以上规定没有变化。

（2）对标准相关规定的理解和分析。

1）GB 50054—2011 的 6.2.6 条规定是合理的，如图 6.2－1 中分干线 AB，其截面积比主干线小，甚至小很多，而 AB 线路这段短距离没有专门的保护电器，如果在该线段发生短路（虽然已规定采取措施把短路的危险减至最小），则主干线首端的保护电器（P1）必须切断（这种切断扩大了停电范围，但发生故障时切断是必须的），分干线 AB 的截面积 S_{AB} 应满足短路热稳定要求 $\left(S_{AB} \geqslant \frac{I}{K}\sqrt{t}\right)$，是必要条件。

然而按热稳定要求计算 S_{AB}，费力费时；在过去的低压配电设计规范中，曾经规定分干线导体截面积不小于主干线的 1/10，后来又规定过不小于 1/3，由于依据不足，不够严谨，所以已被删除；本章旨在提出解决执行本标准规定的简易可行的方案。

2）GB 50054—2011 的 6.2.5 条规定的目的，是要把短路的概率减至最小，万一发生了短路也不致引起火灾；规定“不应超过 3m”，也是为此目的。至于 3m 的数值，只是要求该段处于无保护电器的分干线不应太长，并非严格的数据；其实不论“不超过 3m”或者“超过 3m”，都应使主干线的保护电器切断，其截面积都必须满足短路热稳定要求。归根结底，还是要正确选择分干线的导体截面积。

6.2.2 关于过负荷保护的规定

（1）GB 50054—2011 的 6.3.4 条和 6.3.5 条，同样是采用 IEC 标准，与 GB/T 16895.5—2012 的 433.2 条和 433.3.1 条的规定一致；GB 50054 新修订的报批稿中，这些规定没有变化。

1）GB 50054—2011 的 6.3.4 条规定：导体载流量减小处距离不超过 3m，该段线路采取了防止机械损伤等保护措施，且不靠近可燃物；或者该段线路的短路保护符合规定。

2）GB 50054—2011 的 6.3.5 条第 2 款规定：不可能过负荷的线路，已有符合规定的短路保护（除外火灾和爆炸危险场所），可不装设过负荷保护。

（2）对标准相关规定的理解和分析。

1）基本要求：具有满足短路热稳定要求的短路保护，就可以在不超过 3m

的分干线不设置过负荷保护。

2）长度不超过 3m 的要求，是为了减少短路发生的概率，其实与过负荷无直接关系。

3）分干线导体自身不可能产生过负荷，但是其负荷侧用电设备的过负荷，以及用电设备的增加，可能导致分干线的过负荷，将对分干线导体截面积提出要求，对下一级配电线路设置过负荷保护。

6.2.3 关于故障防护的规定

（1）GB 50054—2011 及其新修订的报批稿，同 IEC 等同的 GB/T 16895.21—2020《低压电气装置　第 4－41 部分：安全防护　电击防护》，关于导体载流量减小处（含分干线）线路的故障防护都没有做特别的规定。

（2）任何配电线路，包括导体载流量减小处和分干线等，防护要求都一样，即故障时，保护电器应在规定时间内切断电源，区别在于计算故障电流的方法。

6.3 分干线导体截面积选择的条件和方法

6.3.1 分干线导体截面积选择的条件

按照 GB 50054—2011 的 3.2.2 条，选择导体截面积应符合下列规定：

（1）导体载流量不应小于计算电流。

（2）导体应满足线路保护要求，包括：

1）短路保护；

2）过负荷保护；

3）故障防护。

（3）导体应满足动稳定与热稳定要求，其实是对于上述保护要求的具体内容。

（4）线路电压降应满足用电设备正常工作及启动时端电压要求。

（5）导体最小截面积应满足机械强度要求。

（6）负荷长期稳定的电缆，通过技术经济比较确认合理时，可按经济电流密度选择导体截面积。

6.3.2 分干线导体截面积的选择方法

6.3.2.1 按载流量

要求按照导体载流量大小，并依据该线路计算电流选择截面积，这是最基本要求，也是配电设计中执行得最好的方法。

6.3.2.2 按线路电压降

（1）有现成的计算电压降百分数（$\Delta u\%$）的公式和现成的计算表格，见《工业与民用供配电设计手册（第四版）》表 9.4－19～表 9.4－25，应用方便。

（2）从配电变压器到用电设备（含照明灯具），各段线路（如主干线、分干线、支干线，以至终端回路）的 $\Delta u\%$可以相加；通常分干线的长度很短（要求不超过 3m，实际上有可能长达十多米），其电压降所占比例较小。

6.3.2.3 按机械强度

（1）按 GB 50054—2011 的表 3.2.2，绝缘导体（相导体）穿管敷设或在槽盒中敷设，按机械强度要求的最小截面积为：铜——1.5mm^2；铝——10mm^2。

该标准第 3.2.7 条规定：三相四线制线路的中性导体（N）截面积：铜芯相导体小于等于 16mm^2，或铝芯小于等于 25mm^2，应和相导体截面积相同。

（2）按 GB/T 16895.6—2014《低压电气装置　第 5－52 部分：电气设备的选择和安装　布线系统》的表 52.2 规定，由于机械强度原因，交流回路的相导体和直流回路中带电导体的截面积不应小于：固定敷设的电力和照明回路的电缆和绝缘导线，铜——1.5mm^2；铝——10mm^2。

（3）按 GB 50217—2018《电力工程电缆设计标准》的 3.6.1 条第 5 款规定：多芯电力电缆导体最小截面积，铜导体不宜小于 2.5mm^2；铝导体不宜小于 4mm^2。

显然，GB 50217—2018 的规定同 GB/T 16895.6—2014 的规定有所差异，特别是铝导体相差甚大，但 GB 50217—2018 规定为“不宜”，应执行 GB/T 16895.6—2014 的规定为妥。

6.3.2.4 按经济电流密度

（1）对于长时间稳定负荷的线路，按经济电流选择的截面积，通常比按载流量选取的要大一级，甚至大二三级；增加的建设费用（加大电缆截面积的购置费和施工费）能够从电缆使用寿命期内降低的线损（I^2Rt）获得回收（含利息），这样有利于节能，而且在经济上更合理。

（2）计算和选择截面积方法在《工业与民用供配电手册（第四版）》第 16.4 节有现成的表格可查，本书 1.5.4 节也有论述。

（3）分干线长度很短，按经济电流密度的方法加大了截面积，本身的意义不是很大，可不作校验。

6.3.2.5 按故障防护

（1）任何配电回路的故障防护均应满足以下要求：

1）采用断路器应符合

$$I_d \geqslant 1.3 I_{set3} \quad (6.3-1)$$

或

$$I_d \geqslant 1.3 I_{set2} \quad (6.3-2)$$

或

$$I_d \geqslant 1.3 I_{setG} \quad (6.3-3)$$

式中 I_d——接地故障电流，A；

I_{set3}——断路器瞬时脱扣器的整定电流，A；

I_{set2}——选择型断路器的短延时脱扣器的整定电流，A；

I_{setG}——选择型断路器的接地故障防护的整定电流，A。

2）采用 gG 型熔断器应符合

$$I_d \geqslant K_r I_N \quad (6.3-4)$$

式中 K_r——熔断体在规定时间内的熔断电流与 I_N 的比值；

I_N——熔断器熔断体额定电流，A。

注　式（6.3－1）和式（6.3－4）引自《低压配电设计解析》中式（5.4－4）和式（5.4－5）。

（2）分干线任意处发生接地故障时，能否满足上述要求，取决于主干线保护电器的类型。

1）保护电器为选择型断路器时，由于具有接地故障保护功能，其整定电流 I_{setG} 很小，比较容易满足式（6.3－3）。

2）保护电器为非选择型断路器时，分干线分支位置离主干线首端保护电器较远时，难以满足式（6.3－1）的要求，需要带 RCD 作故障防护。

3）保护电器为熔断器时，能否满足式（6.3－4）要求，应通过计算确定。

（3）分干线故障防护免计算方法：当前应用最多的是用母线槽作主干线，

采用电缆或敷设在管内或槽盒内的绝缘线接出多回路分干线；分干线发生接地故障时自动切断电源，在第 3 章提供了完整的表格，不需要作重复的计算。

6.3.2.6 按过负荷保护

（1）分干线的过负荷保护，一般不能依靠主干线的保护电器实现，如图 6.3－1 所示，分干线 L_{11} 的载流量通常比主干线 L_1 的载流量（或额定电流）小很多，即比保护电器 P1 的额定电流（或过载脱扣器额定电流）小很多，所以 P1 不能作为分干线 L_{11} 的过负荷保护（注意：P1 可以保护 L_{11} 的短路和接地故障）。

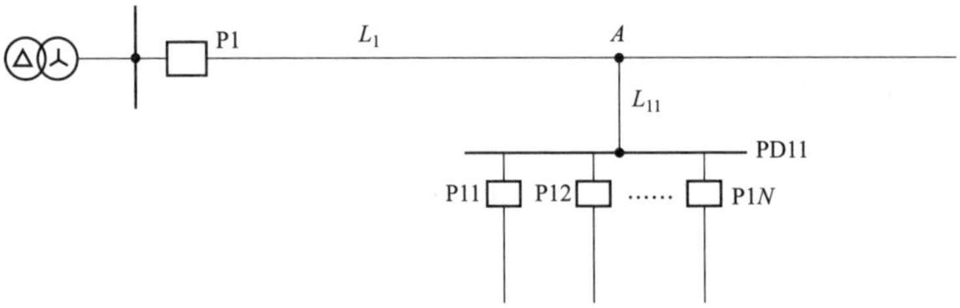

图 6.3－1 分干线过负荷或短路保护示意图

（2）分干线（如图 6.3－1 中 L_{11}）自身不可能产生过负荷，如果发生过负荷是由于所接用电设备所致；然而用电设备的过负荷保护已经由装设在配电箱 PD11 内的保护电器 P11 至 P1N 完成，因此，分干线除火灾和爆炸危险环境外，可不另外装设过负荷保护电器，但应有防机械损伤措施，且不靠近可燃材料。

6.3.2.7 按短路保护

6.3.2.7.1 计算条件

（1）分干线 L_{11} 处的短路与主干线 L_1 保护电器 P1 的关系。

从图 6.3－1 中可知，在分干线 L_{11} 处短路时，主干线 L_1 的保护电器 P1 应切断；因此，L_{11} 的截面积和保护电器 P1 的类型及整定电流值相关。

（2）主干线 L_1 的保护电器 P1 有以下几种类型：

1）万能式（ACB）选择型断路器（通常用于主干线 L_1 的电流大时）；

2）塑壳式（MCCB）选择型断路器（用于主干线 L_1 的电流不太大时）；

3）非选择型断路器（用于主干线 L_1 的电流很小且配电级数少时）；

4）gG 型熔断器（用于主干线 L_1 的电流较小时）。

（3）短路保护计算式：

1）当切断时间 $t \geq 0.1$s，但 $t < 5$s 时，按式（6.3－5）计算

$$S \geqslant \frac{I}{K}\sqrt{t} \tag{6.3-5}$$

2）当切断时间 $t<0.1$s 时，按式（6.3－6）计算

$$(KS)^2 \geqslant I^2 t \tag{6.3-6}$$

式中 S ——分干线绝缘导体截面积，mm²；

I——短路电流，交流方均根值，A；

I^2t ——保护电器的允通能量，A^2s；

K ——和导体材料的电阻率、温度系数、热容量以及相应的初始温度和最终温度有关的系数。对于交联聚乙烯缆、线：铜——143，铝——94；对于 PVC 绝缘缆、线：铜——115，铝——76。

（4）本节采用的符号：

I_{set1} ——断路器（选择型和非选择型）反时限脱扣器额定电流，A；

I_{set2} ——选择型断路器（ACB 和 MCCB）短延时脱扣器整定电流，A；

I_{set3} ——断路器（选择型和非选择型）瞬时脱扣器整定电流，A；

t_2 ——选择型断路器（ACB 和 MCCB）短延时脱扣器延时时间，s；

I_N ——gG 型断路器熔断体额定电流，A；

S_{LB} ——分干线导体截面积，mm²。

（5）保护电器的允通能量（I^2t）值。

1）断路器的 I^2t 值。

a．不同企业产品、相同企业不同类型产品的 I^2t 值不同，同一型号同一额定电流的断路器在短路电流不同时的 I^2t 值也不同；因此配电设计时要进行计算就比较困难。

b．本书将收集到部分生产企业断路器（ACB、MCCB）的 I^2t 值，列于附录 C。

注 本章列入附录 C 的是额定电流大（几百至几千安培）的断路器的 I^2t 值，用于主干线的主保护；而《低压配电设计解析》的附录 A 列入的则是额定电流小（≤63A）的断路器的 I^2t 值，其目的不同。

2）熔断器的 I^2t 值。

a．gG 型熔断器的 I^2t 值，在其产品标准中已统一规定，其数值在《低压配电设计解析》的 9.4.1 节已有叙述，并在《低压配电设计解析》表 9.4－1 和表

9.4－2 中列出。

b．gG 熔断体的 I^2t 值比较小，对导体截面积要求不高，可免于校验。

6.3.2.7.2　分干线最小截面积计算表

本节按主干线 L_1 的保护电器 P1 的参数计算出分干线 L_{11} 的最小截面积，不需要计算 L_{11} 处的短路电流，十分简单方便。

（1）P1 为 ACB 断路器时，分干线 L_{11} 的最小截面积（S_{LB}）。

1）计算结果列于表 6.3－1。

表 6.3－1　主干线用选择型 ACB 断路器（P1）时分干线 L_{11} 的最小 S_{LB}

主干线保护电器（P1）为选择型 ACB 的整定电流（A）			分干线 L_{11} 采用铜芯交联聚乙烯电缆、电线的最小截面积（mm^2）						
			瞬时脱扣器切断短路按式（6.3－6）计算，该式变换为：	短延时脱扣器切断短路时按式（6.3－5）即 $S_{LB}\geqslant\frac{I}{K}\sqrt{t}$ 计算			综合瞬时和短延时动作 S_{LB} 的最小值（取标准值）		
I_{set1}	I_{set2}	I_{set3}	$S_{LB}\geqslant\frac{\sqrt{I^2t}}{K}$	$t_2=0.2s$	$t_2=0.3s$	$t_2=0.4s$	$t_2=0.2s$	$t_2=0.3s$	$t_2=0.4s$
800	4000	12000	$S_{LB}\geqslant\frac{\sqrt{58\times10^6}}{143}=54$	$S_{LB}\leqslant\frac{12000}{143}\sqrt{0.2}=38$	46	53	70	70	70
1000	5000	15000		47	58	67	70	70	70
1250	6250	18750		59	72	83	70	95	95
1600	8000	24000		76	92	107	95	95	120
2000	10000	30000		94	115	133	120	120	150
2500	12500	37500	$S_{LB}\geqslant\frac{\sqrt{170\times10^6}}{143}=92$	118	144	166	120	150	185
3200	16000	48000		151	184	213	185	185	240
4000	20000	60000		188	230	266	240	240	2×150

注　本表分干线 L_{11} 的截面积是按铜芯交联聚乙烯绝缘电缆、电线（$K=143$）计算的，当采用铝芯交联电缆、电线时，表中 S_{LB} 值应乘以系数 1.53（143 与 94 之比）；当采用 PVC 绝缘线、缆时，S_{LB} 值应乘以以下系数：铜芯为 1.25（143 与 115 之比），铝芯为 1.89（143 与 76 之比）。

2）表 6.3－1 选用参数说明：

a．I_{set2} 和 I_{set3} 取 I_{set1} 的 5 倍和 15 倍，是按实际应用中常用的数据设定，I_{set3} 取 I_{set1} 的 15 倍是为了保证安全，从而选取的较大的倍数。

b．瞬时脱扣器切断短路电流计算式 $S_{LB}\geqslant\frac{\sqrt{I^2t}}{K}$ 中的 I^2t 取值是按照附录 C 中短路电流为 60kA 时，各企业的 I^2t 值的最大者：当 $I_{set1}\leqslant2000A$ 时，I^2t 取 $58\times10^6A^2\cdot s$；$I_{set1}>2000A$ 时，I^2t 取 $170\times10^6A^2\cdot s$。

c．短延时脱扣器切断短路电流时，式 $S_{LB} \geqslant \frac{I}{K}\sqrt{t}$ 中的 I 取 I_{set3}，即短延时脱扣器切断电流的最大值。

d．表中类同的数据只列出计算结果。

e．表中计算的 S_{LB} 取较大的整数。

（2）P1 为选择型 MCCB 断路器时，分干线 L_{11} 的最小 S_{LB}。

1）计算结果列于表 6.3－2。

表 6.3－2　主干线用选择型 MCCB 断路器（P1）时分干线 L_{11} 的最小 S_{LB}

主干线保护电器（P1）为选择型 MCCB 的整定电流（A）			分干线 L_{11} 采用铜芯交联聚乙烯电缆、电线的最小截面积（mm^2）						
			瞬时脱扣器切断短路按式（6.3－6）计算，该式变换为：$S_{LB} \geqslant \frac{\sqrt{I^2t}}{K}$	短延时脱扣器切断短路时按式（6.3－5）即 $S_{LB} \geqslant \frac{I}{K}\sqrt{t}$ 计算			综合瞬时和短延时动作 S_{LB} 的最小值（取标准值）		
I_{set1}	I_{set2}	I_{set3}		$t_2 = 0.2s$	$t_2 = 0.3s$	$t_2 = 0.4s$	$t_2 = 0.2s$	$t_2 = 0.3s$	$t_2 = 0.4s$
320	1600	4800	$S_{LB} \geqslant \frac{\sqrt{6.4 \times 10^6}}{143} = 18$	$S_{LB} \geqslant \frac{4800}{143}\sqrt{0.2} = 16$	19	22	25	25	25
400	2000	6000		19	23	27	25	25	35
500	2500	7500	$S_{LB} \geqslant \frac{\sqrt{10.2 \times 10^6}}{143} = 23$	24	29	34	25	35	35
630	3150	9450		30	37	42	35	50	50
800	4000	12000	$S_{LB} \geqslant \frac{\sqrt{30 \times 10^6}}{143} = 39$	38	46	54	50	50	70
1000	5000	15000		47	58	67	50	70	70
1250	6250	18750		59	72	83	70	95	95
1600	8000	24000	$S_{LB} \geqslant \frac{\sqrt{31 \times 10^6}}{143} = 39$	76	92	107	95	95	120

注　同表 6.3－1 的注。

2）表 6.3－2 选用参数说明：

a．与 6.3.2.7.2 的（1）中表 6.3－1 的选用参数说明的 a、c、d、e 项相同。

b．瞬时脱扣器切断短路电流计算式 $S_{LB} \geqslant \frac{\sqrt{I^2t}}{K}$ 中的 I^2t 取值是按照附录 C 中短路电流为 60kA 时，各企业的 I^2t 值的最大者：$I_{set1} \leqslant 400A$ 时，I^2t 取 $6.4 \times 10^6 A^2 \cdot s$；$I_{set1}$ 为 500、630A 时，I^2t 取 $10.2 \times 10^6 A^2 \cdot s$；$I_{set1}$ 为 800～1250A 时，

I^2t 取 $30\times10^6\text{A}^2\cdot\text{s}$；$I_{set1}$ 为 1600A 时，I^2t 取 $31\times10^6\text{A}^2\cdot\text{s}$。

（3）P1 为非选择型 MCCB 断路器时，分干线 L_{11} 的最小 S_{LB}。

1）计算结果列于表 6.3－3。

表 6.3－3　主干线用非选择型 MCCB 断路器（P1）时分干线 L_{11} 的最小 S_{LB}

主干线保护电器（P1）为非选择型 MCCB 的整定电流（A）		分干线 L_{11} 采用铜芯交联聚乙烯电缆、电线的最小截面积（mm²） 瞬时脱扣器切断短路电流按式（6.3－6）计算，短路电流为下列值时	
I_{set1}	I_{set3}	30kA	60kA
250	2500	$S_{LB}\geqslant\frac{\sqrt{2.4\times10^6}}{143}=11$	$S_{LB}\geqslant\frac{\sqrt{3.5\times10^6}}{143}=14$
320	3200	$S_{LB}\geqslant\frac{\sqrt{3.9\times10^6}}{143}=14$	$S_{LB}\geqslant\frac{\sqrt{6.4\times10^6}}{143}=18$
400	4000		
500	5000	$S_{LB}\geqslant\frac{\sqrt{10\times10^6}}{143}=23$	$S_{LB}\geqslant\frac{\sqrt{14\times10^6}}{143}=27$
630	6300		

注　同表 6.3－1 的注。

2）表 6.3－3 选用参数说明：

a．I_{set3} 取 I_{set1} 的 10 倍。

b．瞬时脱扣器切断短路电流计算式 $S_{LB}\geqslant\frac{\sqrt{I^2t}}{K}$ 中的 I^2t 值，按照附录 C 中各企业 I^2t 值的最大者，并分别取短路电流为 30kA（用于 1000kVA 及以下的配电变压器）和 60kA（用于 1250～2500kVA）两挡，其值列于表 6.3－4。

表 6.3－4　MCCB 断路器瞬时脱扣器切断短路电流的 I^2t 值

断路器额定电流 I_{set1}（A）	短路电流为下列值时的 I^2t 值（$\text{A}^2\cdot\text{s}$）	
	30kA	60kA
250	2.4×10^6	3.5×10^6
320～400	3.9×10^6	6.4×10^6
500～630	10×10^6	14×10^6

c．表 6.3－3 中类同的数据只列出计算结果。

d．计算的 S_{LB} 取较大的整数。

3）特别指出：不推荐选用非选择型断路器，这种断路器仅有局部选择性；只能用于非重要负荷、配电系统级数少（如 2 级）和主干线电流小的系统。

（4）P1 为 gG 型熔断器时，分干线 L_{11} 的最小 S_{LB}。

1）计算结果列于表 6.3－5。

表 6.3－5　主干线保护用 gG 型熔断器（P1）时分干线 L_{11} 最小 S_{LB}

主干线保护电器（P1）为 gG 熔断体的额定电流（I_N）(A)	分干线 L_{11} 采用铜芯交联聚乙烯电缆、电线的最小截面积（mm^2）		
	熔断时间 $t \geqslant 0.1s$ 且 $\leqslant 5s$ 时，按式（6.3－5）计算，即 $S_{LB} \geqslant \frac{I}{K}\sqrt{t}$	熔断时间 $t<0.1s$，按式（6.3－6）计算，即 $S_{LB} \geqslant \frac{\sqrt{I^2t}}{K}$	综合前两者 S_{LB} 的取值（按标准值）
100	$S_{LB} \geqslant \frac{600}{143}\sqrt{5}=10$	$S_{LB} \geqslant \frac{\sqrt{86\times10^3}}{143}=3$	10
125	$S_{LB} \geqslant \frac{750}{143}\sqrt{5}=12$	$S_{LB} \geqslant \frac{\sqrt{140\times10^3}}{143}=3$	16
160	$S_{LB} \geqslant \frac{900}{143}\sqrt{5}=15$	$S_{LB} \geqslant \frac{\sqrt{250\times10^3}}{143}=4$	16
200	$S_{LB} \geqslant \frac{1380}{143}\sqrt{5}=22$	$S_{LB} \geqslant \frac{\sqrt{400\times10^3}}{143}=5$	25
250	$S_{LB} \geqslant \frac{1600}{143}\sqrt{5}=25$	$S_{LB} \geqslant \frac{\sqrt{760\times10^3}}{143}=7$	25
315	$S_{LB} \geqslant \frac{2200}{143}\sqrt{5}=35$	$S_{LB} \geqslant \frac{\sqrt{1300\times10^3}}{143}=8$	35
400	$S_{LB} \geqslant \frac{2700}{143}\sqrt{5}=43$	$S_{LB} \geqslant \frac{\sqrt{2250\times10^3}}{143}=11$	50
500	$S_{LB} \geqslant \frac{4400}{143}\sqrt{5}=69$	$S_{LB} \geqslant \frac{\sqrt{3800\times10^3}}{143}=14$	70
630	$S_{LB} \geqslant \frac{5000}{143}\sqrt{5}=79$	$S_{LB} \geqslant \frac{\sqrt{7500\times10^3}}{143}=20$	95

注　同表 6.3－1 的注。

2）表 6.3－5 选用参数说明：

a．当 $t \geqslant 0.1s$ 且 $t \leqslant 5s$ 时，计算式 $S_{LB} \geqslant \frac{I}{K}\sqrt{t}$ 中 t 值取 5s（根据计算 t 取 5s 时要求的 S_{LB} 最大）；式中 I 值是 t 为 5s 时的最大熔断电流值（按 gG 熔断体

时间—电流带求得）。

b．当 $t<0.1\text{s}$ 时，计算式 $S_{LB} \geqslant \frac{\sqrt{I^2t}}{K}$ 中的 I^2t 值按 GB 13539.1—2015《低压熔断器　第 1 部分：基本要求》中 7.7 节的数据设定。

c．表中计算的 S_{LB} 值取较大的整数。

6.3.2.7.3　分干线 L_{11} 处短路时使 P1 切断的保证和对策

（1）按 6.3.2.7.2 确定分干线 L_{11} 的最小 S_{LB}，取决于保护电器 P1 的类型和整定电流，查表 6.3－1～表 6.3－3 和表 6.3－5 即可，十分简便。

但是当分干线 L_{11} 距离 P1 比较远时，其短路电流 I_{k11} 较小，不足以保证 P1 动作，必须引起注意，必要时应补充校验短路动作的灵敏度。

（2）分干线 L_{11} 处短路时保证 P1 动作的条件：

1）P1 为选择型断路器（ACB 或 MCCB）时，至少应满足

$$I_{k11}>1.2I_{set2} \tag{6.3－7}$$

2）P1 为非选择型断路器时，应满足

$$I_{k11}>1.2I_{set3} \tag{6.3－8}$$

（3）措施：当不能满足上述要求时，在 P1 的整定电流符合与下级保护电器选择性要求下，可适当降低 P1 的 I_{set2} 或 I_{set3} 的整定值。

（4）对策：当 L_{11} 距离 P1 较远时，应校验其切断可靠性，即计算分干线 L_{11} 末端短路电流 I_{K11} 值，判断是否符合上述要求。

I_{k11} 值不需要计算，有计算表可查，方法如下：

1）主干线 L_1 为母线槽，分干线 L_{11} 为电缆、电线时，根据表 4.3－3～表 4.3－7 某一表的折算系数，按阻抗相等原则，折算到母线槽的等效长度，再从表 4.2－1～表 4.2－30 中某一表查得短路电流，即 I_{k11} 值。

2）主干线 L_1 和分干线 L_{11} 均为电缆、电线时，按《低压配电设计解析》的 6.5 节，将 L_1 按电阻相等原则折算到与 L_{11} 截面积相同的等效长度，再查表 6.5－1～表 6.5－30 中某一表，求得短路电流值 I_{k11}，再校验是否满足式（6.3－7）或式（6.3－8）的要求。

6.3.2.8　应用示例

示例 1　某配电系统如图 6.3－1 所示，主干线 L_1 采用珠海光乐公司母线槽，额定电流 2500A，保护电器 P1 选用常熟开关制造公司的 CW6 选择型 ACB

断路器，I_{set1}为2000A，I_{set2}为10000A，t_2为0.3s，I_{set3}为30000A；分干线L_{11}的计算电流为300A，采用铜芯交联聚乙烯电缆穿管（环境温度35℃），长度为8m，试问L_{11}的最小S_{LB}应选多少？

解：按短路保护选择分干线导体截面积，查表6.3－1，$t_2=0.3s$时分干线L_{11}的S_{LB}不应小于$120mm^2$。按载流量选择分干线导体截面积，计算电流300A，铜芯交联聚乙烯电缆穿管时，S_{LB}不应小于$150mm^2$。应选择$150mm^2$。

示例2 某配电系统如图6.3－1所示，主干线L_1和分干线L_{11}均用铜芯交联聚乙烯电缆穿管，主保护电器P1选用常熟开关公司的CM－6Z选择型MCCB断路器，I_{set1}为630A，I_{set2}取3150A，t_2为0.2s，I_{set3}整定为9450A，分干线L_{11}穿管的计算电流200A，长度1m，试问L_{11}应选多大？

解：按短路保护，选择分干线导体截面积，查表6.3－2，$t_2=0.2s$时分干线L_{11}的S_{LB}不应小于$35mm^2$。按载流量选择分干线导体截面积，分干线L_{11}的计算电流200A，铜芯交联聚乙烯电缆穿管时，S_{LB}不应小于$70mm^2$。所以应选择$70mm^2$。

示例3 某配电系统如图6.3－1所示，主干线L_1采用铜芯交联聚乙烯电缆，分干线L_{11}的计算电流为150A，采用铜芯PVC绝缘线穿管（环境温度35℃），保护电器P1采用400A、gG型熔断器，问L_{11}最小应选多少？

解：按短路保护，查表6.3－5，分干线L_{11}的S_{LB}不应小于$50\times1.25=62.5$（mm^2）（乘以系数1.25，见表6.3－5注）应选$70mm^2$；按载流量选择分干线导体截面积，计算电流150A，L_{11}用铜芯PVC绝缘线穿管时，S_{LB}不应小于$70mm^2$。所以应选$70mm^2$。

示例4 在示例1的配电系统，若配电变压器为10/0.4V、1600kVA干式变压器，分干线L_{11}截面积为$150mm^2$铜芯交联聚乙烯电缆的分接处A离主保护电器P1的母线槽长度为300m，请问L_{11}末端短路时，P1能否动作？

解：先将分干线L_{11}按阻抗相等原则折算到母线槽的等效长度，查表4.3－3，$150mm^2$电缆折算到2500A母线槽的折算系数为0.161，所以，P1到短路点（L_{11}末端）的等效长度为$300+8\times0.161=301.29$（m）。查表4.2－4，1600kVA干式变压器2500A母线槽300m处短路电流为21.9kA，用插入法求得301.29m处的I_{k11}为21.85kA。P1的$I_{set2}=10kA$，完全满足式（6.3－7）要求，即保证短延时脱扣器动作，但不满足P1的瞬时脱扣器切断。

6.4 总结

（1）树干式配电系统，如 6.1.2 节的分析，分干线距离很小，不必要或不适宜装设保护电器，分干线范围的短路等故障应有足够的防护措施，使故障的概率降到最小；如果发生了故障，应保证主干线的保护电器 P1 自动切断。

（2）分干线 L_{11} 导体截面积应满足载流量要求。

（3）分干线的下级（配电箱 PD11）各出线回路均应装设保护电器，能满足各支干线过负荷保护；分干线 L_{11} 本身不会发生过负荷（前提是分干线不得接出分支线和插座），因此分干线 L_{11} 在满足短路切断条件下，一般情况下，可不装设过负荷保护电器，但应有外护物且不得贴近可燃材料表面。

（4）分干线 L_{11} 一般长度较短，对电压降和经济电流密度影响较小，按常规方法计算分干线导体截面积即可。

（5）分干线 L_{11} 导体截面积除满足载流量要求外，还应满足短路时主干线保护电器 P1 的切断；但不需要计算分干线 L_{11} 处的短路电流，6.3.2.7 节已编制了系列计算表，可直接查到分干线的 S_{LB}；最常用、最优的方案是 P1 采用选择型断路器（ACB 或 MCCB），查表 6.3－1 或查表 6.3－2，当 P1 额定电流较小（500A 及以下）时，可采用 gG 型熔断器，查表 6.3－5，不推荐 P1 采用非选择型断路器。

（6）降低故障几率的防护措施。

1）分干线宜采用有双层绝缘的电线、电缆（如交联聚乙烯绝缘、PVC 绝缘及护套）。

2）分干线应有外护物（如套管、槽盒），以防机械损伤。

3）分干线与配电箱、柜的连接应安全可靠，有条件时可采用万可电子（天津）有限公司的弹簧轨装式接线端子，强力压接弹簧确保合适的夹持力，电解铜导流条镀锡保证了气密性，有抗振，免维的功效。

附录 A　部分企业母线槽相保阻抗值

常用的四家企业母线槽相保阻抗值列于表 A－1～表 A－6。

（1）表 A－1～表 A－6 中符号：

$R_{ph\cdot p}$（20℃）——20℃时的相保电阻，μΩ/m 或 10^{-3}mΩ/m；

$X_{ph\cdot p}$——相保电抗，μΩ/m 或 10^{-3}mΩ/m；

$1.5R_{ph\cdot p}$——20℃时的相保电阻的 1.5 倍，用于故障时温度升高导致电阻增大后的阻值；

$Z_{ph\cdot p}$——相保阻抗，μΩ/m 或 10^{-3}mΩ/m。

（2）表 A－1～表 A－6 中的参数说明：

1）$R_{ph\cdot p}$（20℃）和 $X_{ph\cdot p}$ 为企业提供。

2）$Z_{ph\cdot p}$ 是按公式 $\sqrt{(1.5R_{ph\cdot p})^2+(X_{ph\cdot p})^2}$ 计算所得。

表 A－1　　珠海光乐公司极限温升≤**90K** 的铜母线槽相保阻抗值

电阻或电抗（μΩ/m）或（10^{-3}mΩ/m）	母线槽额定电流（A）																				
	400	500	630	700	800	900	1000	1100	1250	1400	1600	1800	2000	2250	2500	2800	3200	3600	4000	4500	5000
$R_{ph\cdot p}$（20℃）	452.1	351.6	277.6	236.2	208.2	179.8	163.1	145.2	117.2	102.1	89.4	84.3	73.6	66.1	62.3	45.3	39.0	34.2	29.9	26.8	22.3

续表

电阻或电抗（μΩ/m）或（10^{-3}mΩ/m）	母线槽额定电流（A）																				
	400	500	630	700	800	900	1000	1100	1250	1400	1600	1800	2000	2250	2500	2800	3200	3600	4000	4500	5000
$X_{ph\cdot p}$	294.7	229.7	181.8	155.0	136.9	118.6	107.8	96.2	78.1	68.3	60.1	47.7	47.1	42.5	40.2	16.4	14.2	12.6	12.4	11.2	12.2
$1.5R_{ph\cdot p}$	678.2	527.4	416.9	354.3	312.3	269.7	244.7	217.8	175.8	153.2	134.1	126.5	110.4	99.2	93.5	68.0	58.5	51.3	44.9	40.2	33.5
$Z_{ph\cdot p}$	739.5	575.3	454.8	386.7	341.0	294.6	267.4	238.1	192.4	167.7	147.0	135.2	120.0	107.9	101.8	70.0	60.2	52.8	46.6	41.7	35.7

表 A－2　　珠海光乐公司极限温升≤**70K** 的铜母线槽相保阻抗值

电阻或电抗（μΩ/m）或（10^{-3}mΩ/m）	母线槽额定电流（A）																				
	400	500	630	700	800	900	1000	1100	1250	1400	1600	1800	2000	2250	2500	2800	3200	3600	4000	4500	5000
$R_{ph\cdot p}$（20℃）	375.4	296.4	252.1	222.3	192.0	174.1	155.0	125.1	109.0	95.4	82.4	72.0	64.6	60.9	42.6	31.8	27.9	24.4	21.9	18.3	13.2
$X_{ph\cdot p}$	234.0	185.2	157.9	139.5	120.8	109.8	98.0	79.5	69.6	61.2	53.2	52.5	47.4	44.8	30.8	14.9	13.1	13.0	11.7	12.2	16.4
$1.5R_{ph\cdot p}$	563.1	444.6	378.2	333.5	288.0	261.2	232.5	187.7	163.5	143.1	123.6	108.0	96.9	91.4	63.9	47.7	41.9	36.6	32.9	27.5	19.8
$Z_{ph\cdot p}$	609.8	481.6	409.8	361.5	312.3	283.3	252.3	203.8	177.7	155.6	134.6	120.1	107.9	101.8	70.9	50.0	43.9	38.9	34.9	30.1	25.7

表 A－3　　施耐德公司 **I－LINE H** 系列铜母线槽相保阻抗值

电阻或电抗（μΩ/m）或（10^{-3}mΩ/m）	母线槽额定电流（A）										
	400	630	800	1000	1250	1600	2000	2500	3200	4000	5000
$R_{ph\cdot p}$（20℃）	345	300	269	230	170	155	143	120	77.7	72	66.5
$X_{ph\cdot p}$	183	105	117	88.8	74.1	70.2	51	32.4	22.9	47	38.4
$1.5R_{ph\cdot p}$	518	450	404	345	255	233	215	180	117	108	100
$Z_{ph\cdot p}$	549	462	421	356	266	243	221	183	119	118	107

表 A－4　施耐德公司 I－LINE B 系列铝铜银合金结构母线槽（分子渗透技术）相保阻抗值

电阻或电抗（μΩ/m）或（10^{-3}mΩ/m）	母线槽额定电流（A）								
	800	1000	1250	1600	2000	2500	3200	4000	5000
$R_{ph\cdot p}$（20℃）	372.1	335.6	239.3	213.7	180	129.4	94.5	78.3	72.2
$X_{ph\cdot p}$	169.9	132.6	86.9	84.4	126	42.5	40.2	25.7	23.7
$1.5R_{ph\cdot p}$	558	503	359	321	270	194	142	118	108
$Z_{ph\cdot p}$	583	520	369	332	298	199	148	121	111

表 A－5　西门子公司 XLC－Ⅲ型铜母线槽相保阻抗值

电阻或电抗（μΩ/m）或（10^{-3}mΩ/m）	母线槽额定电流（A）										
	400	630	800	1000	1250	1600	2000	2500	3150	4000	5000
$R_{ph\cdot p}$（20℃）	780.5	417.5	326.4	252.8	187	155.7	120.1	90.6	73.9	62.3	47.2
$X_{ph\cdot p}$	392.7	210	164.2	127.3	94.1	83.5	76.3	48.6	39.7	27.8	19
$1.5R_{ph\cdot p}$	1171	626	490	379	281	234	180	136	111	94	71
$Z_{ph\cdot p}$	1235	660	517	400	296	249	196	144	118	98	74

表 A－6　ABB 公司 Lmax－C 系列铜母线槽相保阻抗值

电阻或电抗（μΩ/m）或（10^{-3}mΩ/m）	母线槽额定电流（A）										
	630	800	1000	1250	1600	2000	2500	3200	4000	5000	6300
20℃的电阻①（R_{20}）	89.5	72.2	55.4	42.9	30.6	23.5	17.3	14.8	11.2	9.0	7.1
35℃的实际电抗①（X）	33	28.9	24.1	18.1	11.8	9.9	11.1	5.4	7..5	5.9	6.9
20℃相－保零序电阻① $R_{(0)20ph\cdot p}$	341	281	235	199	151	125	94.7	86.9	76.4	53.8	30.4

续表

电阻或电抗（μΩ/m）或（10^{-3}mΩ/m）	母线槽额定电流（A）										
	630	800	1000	1250	1600	2000	2500	3200	4000	5000	6300
相－保零序电抗[①] $X_{(0)\,ph\cdot p}$	166	145	110	133	100	68.5	61.8	36.5	49.1	34	13.8
$R_{ph\cdot p}$（20℃）[②]	173.4	141.9	115.3	95	70.8	57.4	43.1	38.9	33	24	14.9
$X_{ph\cdot p}$[②]	77.4	67.6	52.8	56.4	41.2	29.5	28	15.8	21.4	15.3	9.2
$1.5R_{ph\cdot p}$	260.1	213	173	142.5	106.2	86.1	64.7	58.4	49.5	36	22.4
$Z_{ph\cdot p}$	272	224	181	154	114	92	71	62	54	40	25

① 表中阻抗及零序阻抗值由 ABB 公司提供。

② 相保电阻（$R_{ph\cdot p}$）和相保电抗（$X_{ph\cdot p}$）按三序阻抗平均值计算所得。

附录B　部分企业母线槽阻抗值

部分企业母线槽阻抗值见表B－1～表B－21。

表B－1　珠海光乐公司母线槽阻抗值（一）

电阻或电抗（μΩ/m）或（10^{-3}mΩ/m）		母线槽额定电流（A）																						
		400	500	630	700	800	900	1000	1100	1250	1400	1600	1800	2000	2250	2500	2800	3200	3600	4000	4500	5000	5500	6300
20℃的电阻 R_{20}		169.2	131.6	103.9	91.1	77.9	67.3	61.1	54.3	43.9	38.2	33.5	28.9	25.8	24.2	21.8	19.1	16.5	14.4	12.9	12.1	10.8	8.6	7.5
满负荷的电阻 R		226.8	176.4	139.3	122.1	104.4	90.2	81.8	72.8	58.8	51.2	44.8	38.7	34.5	32.4	29.2	25.6	22.0	19.4	17.3	16.2	14.4	11.5	10.0
电抗 X		18.7	14.6	11.5	10.1	8.7	7.5	6.8	6.1	5.0	4.3	3.8	3.3	3.0	2.8	2.5	2.2	1.9	1.7	1.5	1.4	1.3	1.0	0.9
铜排尺寸	片数×厚度（mm）	1片×3															2片×3						3片×3	
	宽度（mm）	35	45	57	65	76	88	97	109	135	155	177	205	230	245	272	155	180	205	230	245	275	230	264

注　产品为铜母线槽，厚度3mm，环境温度35℃，极限温升≤70K，满载105℃。

表B－2　珠海光乐公司母线槽阻抗值（二）

电阻或电抗（μΩ/m）或（10^{-3}mΩ/m）	母线槽额定电流（A）																					
	400	500	630	700	800	900	1000	1100	1250	1400	1600	1800	2000	2250	2500	2800	3200	3600	4000	4500	5000	5500	6300
20℃的电阻 R_{20}	158.7	126.9	96.6	85.4	72.8	62.6	56.2	44.9	39.3	34.3	30.0	26.0	23.1	21.8	19.6	17.2	14.8	13.0	11.6	10.9	9.7	7.7	6.7

续表

电阻或电抗（μΩ/m）或（10^{-3}mΩ/m）		母线槽额定电流（A）																						
		400	500	630	700	800	900	1000	1100	1250	1400	1600	1800	2000	2250	2500	2800	3200	3600	4000	4500	5000	5500	6300
满负荷的电阻 R		212.6	170.1	129.4	114.5	97.6	83.8	75.4	60.1	52.7	46.1	40.2	34.8	31.0	29.2	26.2	23.1	19.8	17.4	15.5	14.6	13.0	10.3	9.0
电抗 X		29.9	23.9	18.3	16.2	13.8	11.9	10.7	8.6	7.5	6.6	5.8	5.0	4.5	4.3	3.8	3.4	2.9	2.5	2.3	2.1	1.9	1.5	1.3
铜排尺寸	片数×厚度（mm）	1 片×4																2 片×4					3 片×4	
	宽度（mm）	28	35	46	52	61	71	79	99	113	129	148	171	192	204	227	258	150	171	192	204	229	192	220

注　产品为铜母线槽，厚度 4mm，环境温度 35℃，极限温升≤70K，满载 105℃。

表 B－3　　珠海光乐公司母线槽阻抗值（三）

电阻或电抗（μΩ/m）或（10^{-3}mΩ/m）		母线槽额定电流（A）																						
		400	500	630	700	800	900	1000	1100	1250	1400	1600	1800	2000	2250	2500	2800	3200	3600	4000	4500	5000	5500	6300
20℃的电阻 R_{20}		148.1	118.5	88.9	77.3	65.8	56.4	50.1	40.4	35.5	30.9	27.1	23.4	20.9	19.6	17.7	15.5	13.3	11.7	10.5	9.8	8.7	6.9	6.0
满负荷的电阻 R		198.4	158.7	119.1	103.5	88.2	75.6	67.1	64.1	47.6	41.4	36.4	31.3	28.0	26.3	23.7	20.7	17.8	15.7	14.0	13.1	11.7	9.3	8.1
电抗 X		42.2	34.0	25.6	22.3	19.0	16.3	14.5	11.7	10.4	9.0	8.0	6.9	6.2	5.8	5.3	4.6	4.0	3.4	3.1	2.9	2.6	2.1	1.8
铜排尺寸	片数×厚度（mm）	1 片×5																	2 片×5					3 片×5
	宽度（mm）	24	30	40	46	54	63	71	88	100	115	131	132	170	181	201	230	267	152	170	182	204	256	196

注　产品为铜母线槽，厚度 5mm，环境温度 35℃，极限温升≤70K，满载 105℃。

表 B－4　珠海光乐公司母线槽阻抗值（四）

电阻或电抗（μΩ/m）或（10^{-3}mΩ/m）	母线槽额定电流（A）																						
	400	500	630	700	800	900	1000	1100	1250	1400	1600	1800	2000	2250	2500	2800	3200	3600	4000	4500	5000	5500	6300
20℃的电阻 R_{20}	134.6	109.7	80.0	70.5	60.4	50.2	45.6	36.6	32.2	27.9	24.5	21.2	18.7	17.6	15.9	14.0	12.0	10.6	9.4	8.8	7.9	6.3	5.5
满负荷的电阻 R	180.4	147.0	107.3	94.5	81.0	67.3	61.3	49.0	43.1	37.4	32.8	28.3	25.1	23.6	21.3	18.7	16.1	14.2	12.6	11.8	10.6	8.4	7.3
电抗 X	54.6	44.5	32.6	28.7	24.7	20.5	18.7	15.0	13.3	11.5	10.1	8.8	7.8	7.4	6.7	5.9	5.1	4.4	3.9	3.7	3.3	2.7	2.3
铜排尺寸 片数×厚度（mm）	1 片×6																	2 片×6					3 片×6
铜排尺寸 宽度（mm）	22	27	37	42	49	59	65	81	92	106	121	140	158	168	186	212	247	140	158	168	188	236	181

注　产品为铜母线槽，厚度 6mm，环境温度 35℃，极限温升≤70K，满载 105℃。

表 B－5　珠海光乐公司母线槽阻抗值（五）

电阻或电抗（μΩ/m）或（10^{-3}mΩ/m）	母线槽额定电流（A）																					
	400	500	630	700	800	900	1000	1100	1250	1400	1600	1700	1800	2000	2250	2500	2800	3200	3600	4000	4500	5000	5500
20℃的电阻 R_{20}	138.1	112.4	87.9	74.4	63.6	55.6	50.9	44.3	41.3	32.9	30.2	27.3	23.6	22.3	19.7	18.6	16.4	13.7	11.1	9.9	9.3	7.9	7.4
满负荷的电阻 R	185.0	150.6	117.8	99.6	85.2	74.4	68.2	59.4	55.4	44.1	40.5	36.6	31.6	29.8	26.4	24.9	22.0	18.3	14.9	13.2	12.5	10.5	9.9
电抗 X	34.4	28.1	22.0	18.7	16.0	14.0	12.8	11.2	10.5	8.4	7.7	7.0	6.1	5.8	5.1	4.9	4.2	3.5	2.9	2.6	2.4	2.0	1.9
铜排尺寸 片数×厚度（mm）	1 片×6																2 片×6					3 片×6	
铜排尺寸 宽度（mm）	35	43	55	65	76	87	95	109	117	147	160	177	205	217	245	260	147	177	217	245	260	205	217

注　产品为铝母线槽，厚度 6mm，环境温度 35℃，极限温升≤70K，满载 105℃。

表 B－6　　施耐德公司母线槽阻抗值（一）

电阻或电抗（μΩ/m）或（10^{-3}mΩ/m）	母线槽额定电流（A）										
	400	630	800	1000	1250	1600	2000	2500	3200	4000	5000
20℃的电阻 R_{20}	138	97	74	56	42	30	23	17	15	12	9
满负荷的电阻 R	163	118	94	71	53	38	29	21	20	15	11
电抗 X	30	17	22	16	12	8	6	6	5	5	4

注　产品型号为 I－LINE H 系列母线槽系统，铜母线槽。

表 B－7　　施耐德公司母线槽阻抗值（二）

电阻或电抗（μΩ/m）或（10^{-3}mΩ/m）	母线槽额定电流（A）									
	800	1000	1250	1350	1600	2000	2500	3200	4000	5000
20℃的电阻 R_{20}	71	57	43	38	32	25	21	16	12	10
满负荷的电阻 R	73	64	55	49	35	33	29	20	17	14
电抗 X	43	42	13	13	25	12	10	8	8	5

注　产品型号为 I－LINE B 系列母线槽系统，铜铝组合母线槽。

表 B－8　　ABB 公司母线槽阻抗值（一）

电阻或电抗（μΩ/m）或（10^{-3}mΩ/m）	母线槽额定电流（A）											
	400	630	800	1000	1250	1600	2000	2500	3200	4000	5000	6300
20℃的电阻 R_{20}	115	86	69	53	43	30	23	17	14	10	8	6
电抗 X	41	37	30	22	18	12	13	9	8	6	5	8

注　产品型号为 Lmax－C 铜母线槽。

表 B－9　　ABB 公司母线槽阻抗值（二）

电阻或电抗（μΩ/m）或（10^{-3}mΩ/m）	母线槽额定电流（A）											
	400	630	800	1000	1250	1600	2000	2500	3200	4000	5000	6300
20℃的电阻 R_{20}	132	88	70	56	42	30	23	18	14	11	8	7
电抗 X	39	32	28	25	21	17	14	11	9	7	4	2

注　产品型号为 Lmax－R 树脂浇注，铜母线槽（400～6300A）；Lmax－F 耐火型，铜母线槽（400～4000A）。

表 B－10　　ABB 公司母线槽阻抗值（三）

电阻或电抗（μΩ/m）或（10^{-3}mΩ/m）	母线槽额定电流（A）											
	250	400	630	800	1000	1250	1600	2000	2500	3200	4000	5000
20℃的电阻 R_{20}	160	128	98	80	56	43	32	28	21	16	14	12
电抗 X	34	30	26	23	18	14	10	8	4	2	1	1

注　产品型号为 Lmax－A 铝母线槽。

表 B－11　　ABB 公司母线槽阻抗值（四）

电阻或电抗（μΩ/m）或（10^{-3}mΩ/m）	母线槽额定电流（A）											
	400	630	800	1000	1250	1600	2000	2500	3200	4000	5000	6300
20℃的电阻 R_{20}	99	86	69	53	38	29	22	17	15	11	8	6
电抗 X	36	34	31	21	17	14	11	9	7	6	3	2

注　产品型号为 Pmax－C 铜母线槽。

表 B－12　　西门子公司母线槽阻抗值（一）

电阻或电抗（μΩ/m）或（10^{-3}mΩ/m）	母线槽额定电流（A）											
	400	630	800	1000	1250	1600	2000	2500	3150	4000	5000	6300
电阻 R	151	105	80	61	44	33	25	18	16	12	9	7
电抗 X	42	35	31	27	22	18	14	9	7	3	2	1

注　产品型号为 ZBS XLC－Ⅲ铜母线槽。

表 B－13　　西门子公司母线槽阻抗值（二）

电阻或电抗（μΩ/m）或（10^{-3}mΩ/m）	母线槽额定电流（A）									
	400	630	800	1000	1250	1600	2000	2500	3150	4000
电阻 R	139	139	100	75	58	42	33	29	20	17
电抗 X	29	29	24	20	16	11	8	6	1	1

注　产品型号为 ZBS XLA－Ⅲ铝合金母线槽。

表 B－14　　西门子公司母线槽阻抗值（三）

电阻或电抗（μΩ/m）或（10^{-3}mΩ/m）	母线槽额定电流（A）				
	2000	2600	3400	4400	5000
20℃的电阻 R_{20}	27/34	19/28	13/20	11/16	10/15
满负荷的电阻 R（R_{140}）	40/51	28/41	20/29	17/24	16/23
电抗 X	37/37	29/28	19/19	15/15	13/14

注　1．产品型号为 LDC.4（铜母线槽，4 线）；LDC.6（铜母线槽，5 线）。
　　2．分子为 LDC.4 的参数，分母为 LDC.6 的参数。

表 B－15　　西门子公司母线槽阻抗值（四）

电阻或电抗（μΩ/m）或（10^{-3}mΩ/m）	母线槽额定电流（A）							
	1100	1250	1600	2000	2500	3000	3700	4000
20℃的电阻 R_{20}	60	45（46）	45（46）	30	26	22（23）	16（18）	13（17）
满负荷的电阻 R（R_{140}）	88	67（68）	67（68）	44	38	33（34）	23（27）	19（25）
电抗 X	46（45）	38（37）	38（37）	24	22	19	15	13

注　1．产品型号为 LDA.4（铝母线槽，4 线）；LDA.6（铝母线槽，5 线）。

2．括号内参数适用于 LDA.6。

表 B－16　　西门子公司母线槽阻抗值（五）

电阻或电抗（μΩ/m）或（10^{-3}mΩ/m）	母线槽额定电流（A）								
	1000	1250	1600	2000	2500	3200	4000	5000	6300
20℃的电阻 R_{20}	53	47	31	24	18	12	12	9	6
满负荷的电阻 R	74	65	44	34	25	17	17	12	9
电抗 X	21	19	12	10	8	6	5	4	3

注　产品型号为 L1－C 铜母线槽。

表 B－17　　西门子公司母线槽阻抗值（六）

电阻或电抗（μΩ/m）或（10^{-3}mΩ/m）	母线槽额定电流（A）								
	800	1000	1250	1600	2000	2500	3200	4000	5000
20℃的电阻 R_{20}	90	63	53	37	27	20	19	13	10
满负荷的电阻 R	125	88	74	52	38	27	26	18	13
电抗 X	21	16	14	10	8	6	5	4	3

注　产品型号为 L1－A 铝母线槽。

表 B－18　　西门子公司母线槽阻抗值（七）

电阻或电抗（μΩ/m）或（10^{-3}mΩ/m）	母线槽额定电流（A）											
	630	800	1000	1350	1600	1700	2000	2500	3200	4000	5000	6300
20℃的电阻 R_{20}	96	74	49	39	31	25	19	16	14	10	8	6
满负荷的电阻 R	118	91	60	48	39	31	24	19	18	13	10	8
电抗 X	103	85	69	51	46	38	34	31	29	14	12	11

注　产品型号为 LRC 铜，4 线和 5 线母排的母线槽。

表 B－19　西门子公司母线槽阻抗值（八）

电阻或电抗（μΩ/m）或（10^{-3}mΩ/m）	母线槽额定电流（A）											
	400	630	800	1000	1250	1400	1600	2000	2500	3200	4000	5000
20℃的电阻 R_{20}	149	118	78	60	48	40	30	23	20	15	12	10
满负荷的电阻 R	176	141	95	73	58	50	35	29	25	19	15	13
电抗 X	50	41	26	53	50	41	46	30	29	24	25	22

注　产品型号为 LRA 铝，4 线和 5 线母排的母线槽。

表 B－20　西门子公司母线槽阻抗值（九）

电阻或电抗（μΩ/m）或（10^{-3}mΩ/m）	母线槽额定电流（A）						
	160	250	400	630	800	1000	1250
20℃的电阻 R_{20}	303	295	144	53	53	43	32
满负荷的电阻 R（R_{80}）	374	365	178	66	66	53	40
电抗 X	157	158	119	64	64	56	54

注　产品型号为 BD2C－3 的铜母线槽。

表 B－21　西门子公司母线槽阻抗值（十）

电阻或电抗（μΩ/m）或（10^{-3}mΩ/m）	母线槽额定电流（A）					
	160	250	400	630	800	1000
20℃的电阻 R_{20}	484	302	167	93	73	51
满负荷的电阻 R（R_{80}）	601	375	207	115	91	63
电抗 X	162	131	123	65	58	58

注　产品型号为 BD2A－3 的铝母线槽。

附录C　部分企业断路器的允通能量（I^2t）值

部分企业MCCB断路器的允通能量（I^2t）值列于表C－1，部分企业ACB断路器的允通能量（I^2t）值列于表C－2。表C－1和表C－2中的数据是根据企业提供的I^2t曲线获得，为方便应用，按20、30、40、50、60、70、100kA七挡短路电流时的I^2t值编制成表；I^2t曲线的原始资料由作者保存。

表C－1　　部分企业MCCB断路器的允通能量（I^2t）值　　（$10^6A^2\cdot s$）

企业名称	塑壳断路器（MCCB）		短路电流为下列值（kA）时的允通能量（I^2t）						
	型号及电压	反时限脱扣器额定电流（A）	20	30	40	50	60	70	100
常熟开关制造有限公司	CM6Z（智能型）	630、400	1.3	2.6	3.7	5.0	6.4	7.8	12.0
		250	0.8	1.1	1.3	1.6	1.8	2.0	2.5
	CM3－250C AC400V	250	0.46	0.62	0.72	—	—	—	—
	CM3－250L.M.H	250	1.5	2.8	3.1	3.3	3.5	3.6	3.8
	CM3－400	400	1.3	3.0	4.2	5.1	5.9	6.8	7.1
	CM3－630	630	2.8	6.2	9.5	11.0	12.5	14.5	15.5
	CM3－800	800	2.4	4.5	8.5	11.1	12.6	15.1	16.0
	CM5（Z）－250 AC400V	250	0.17	0.26	0.37	0.5	0.6	0.7	0.8
	CM5（Z）－400	400	0.3	0.5	0.9	1.2	1.4	1.6	1.8
	CM5（Z）－630	630	0.5	0.9	1.3	1.7	2.1	2.2	2.4
上海良信电器股份有限公司	NDM5	800～1600	16	19	24	27	30	33	36
		630	1.9	2.0	2.1	2.3	2.5	2.7	2.8
		400	1.6	1.7	1.8	1.9	1.9	2.0	2.0
		250	0.6	0.7	0.7	0.8	0.8	0.8	0.8
	NDM3	800	7.5	10	10.2	10.4	10.5	10.7	10.8
		630	5.5	8	9.3	10	10.2	10.3	10.4
		400	3	3.9	4.4	5	5.3	5.7	6
		250	2.1	2.4	2.8	2.9	3	3.1	3.3

企业名称	塑壳断路器（MCCB）		短路电流为下列值（kA）时的允通能量（I^2t）						
	型号及电压	反时限脱扣器额定电流（A）	20	30	40	50	60	70	100
上海良信电器股份有限公司	NDM3AR	630	1.9	2	2.2	2.3	2.5	2.6	2.7
		400	1.6	1.7	1.8	1.9	1.9	2	2.1
		250	0.6	0.7	0.7	0.7	0.8	0.8	0.8
施耐德电气（中国）有限公司	ComPact NSX，交流 400～440V	630	2.6	2.8	3	3.2	3.3	3.4	3.5
		400	2	2.2	2.4	2.5	2.8	2.9	3
		250	0.7	0.7	0.8	0.8	0.9	0.9	0.9
西门子（中国）有限公司	3VA（Siemens MCCB 3VA），交流 415V	1600	7	13	20	28	31	—	—
		1250	7	11	13	16	18	—	—
		1000	9	13	14	15	16	—	—
		800	8	10	12	13	14	—	—
		630	3	3.5	3.7	3.9	4		
罗格朗低压电器（无锡）有限公司	DPX^3，交流 415V	1600	8	13	18	22	26	29	31
		1000～1250	6	9	15	17	19	21	25
		500～800	5	7	12	15	17	19	21
		630	2	2.3	2.6	3.1	4.1	4.8	7
	DRX，交流 415V	630	2.1	3.1	3.7	4.5	5.3	6.1	6.8
		250	1.7	1.8	1.9	2.0	—	—	—
		125	0.9	1.1	1.2	1.4	—	—	—
ABB（中国）有限公司	Tmax XT1、Tmax XT2，交流 415V	160	0.65	0.73	0.78	0.8	0.81	0.82	—
	Tmax XT3，交流 415V	250	1.4	1.7	1.9	2.1	—	—	—
	Tmax XT4（N、S、H、L），交流 415V	250	0.69	0.7	0.72	0.73	0.74	0.75	0.76
	Tmax XT4（V、X），交流 415V	250	1.1	1.2	1.3	1.3	1.4	1.4	1.5
	Tmax XT5，交流 415V	400～630	2.3	2.8	3.1	3.2	3.4	3.6	3.7
	Tmax XT6，交流 415V	800～1000	10	16	18	19	20	20	20
	Tmax XT7（S、H、L），Tmax XT7M（S、H、L），交流 415V	800～1600	7	15	19	25	30	35	46

续表

企业名称	塑壳断路器（MCCB）		短路电流为下列值（kA）时的允通能量（I^2t）						
	型号及电压	反时限脱扣器额定电流（A）	20	30	40	50	60	70	100
ABB（中国）有限公司	Tmax T2，交流 400～440V	80～160	0.32	0.34	0.35	0.36	0.37	0.38	—
	Tmax T3，交流 400～440V	250	1.4	1.7	1.8	2	—	—	—
	Tmax T4，交流 400～440V	100～250	0.7	0.71	0.73	0.75	0.76	0.77	0.78
	Tmax T5，交流 400～440V	400～630	2.4	2.9	3.1	3.3	3.5	3.6	3.8
	Tmax T6，交流 400～440V	630	8	10	12	13	14	15	16
	Tmax T6，交流 400～440V	800	10	16	17	18	18	19	19
	Tmax T7（S、H、L），交流 400～440V	800～1600	7	13	19	25	30	34	45
	Tmax T7（V），交流 400～440V	800～1600	6	10	15	17	18	19	23

表 C－2　部分企业 ACB 断路器的允通能量（I^2t）值　（$10^6A^2 \cdot s$）

企业名称	万能式断路器（ACB）		短路电流为下列值（kA）时的允通能量 I^2t						
	型号及电压	反时限脱扣器额定电流（A）	20	30	40	50	60	70	100
常熟开关制造有限公司	CWX3（限流型），交流 400V	200～1600	8	15	21	26	30	34	42
施耐德电气（中国）有限公司	MTZ2－H3，交流 440V	2000～4000	—	—	—	—	140（80kA 时）	—	190
	MTZ2－L1，交流 440V	800～2000	—	—	—	—	58（80kA 时）	51	70
罗格朗低压电器（无锡）有限公司	DEX，交流 400V	630～7500	21	55	80	150	170	270	290

参 考 文 献

[1] 住房和城乡建设部工程质量安全监督与行业发展司. 全国民用建筑工程设计技术措施：电气［M］. 北京：中国计划出版社，2003.

[2] 住房和城乡建设部工程质量安全监管司. 全国民用建筑工程设计技术措施：电气［M］. 北京：中国计划出版社，2009.

[3] 国家市场监督管理总局，国家标准化管理委员会. 低压电气装置　第 4－41 部分：安全防护　电击防护：GB/T 16895.21—2020［S］. 北京：中国标准出版社，2020.

[4] 中华人民共和国国家质量监督检验检疫总局，中国国家标准化管理委员会. 低压电气装置　第 4－43 部分：安全防护　过电流保护：GB/T 16895.5—2012［S］. 北京：中国标准出版社，2013.

[5] 中华人民共和国住房和城乡建设部. 低压配电设计规范：GB 50054—2011［S］. 北京：中国计划出版社，2012.

[6] 中华人民共和国住房和城乡建设部. 供配电系统设计规范：GB 50052—2009［S］. 北京：中国计划出版社，2010.

[7] 中华人民共和国住房和城乡建设部. 建筑照明设计标准：GB 50034—2013［S］. 北京：中国建筑工业出版社，2014.

[8] 中华人民共和国住房和城乡建设部. 城市道路照明设计标准：CJJ 45—2015［S］. 北京：中国建筑工业出版社，2016.

[9] 中华人民共和国国家质量监督检验检疫总局，中国国家标准化管理委员会. 电能质量　供电电压偏差：GB/T 12325—2008［S］. 北京：中国标准出版社，2009.

[10] 任元会. 低压配电设计解析［J］. 北京：中国电力出版社，2020.

[11] 中华人民共和国住房和城乡建设部. 电力工程电缆设计标准：GB 50217—2018［S］. 北京：中国计划出版社，2018.

[12] 中国航空规划设计研究总院有限公司. 工业与民用供配电设计手册［M］. 4 版. 北京：中国电力出版社，2016.

[13] 中华人民共和国国家质量监督检验检疫总局，中国国家标准化管理委员会. 低压电气装置　第 1 部分：基本原则、一般特性评估和定义：GB/T 16895.1—2008［S］. 北京：

中国标准出版社，2009.

[14] 国家市场监督管理总局，国家标准化管理委员会. 低压电气装置　第 4－44 部分：安全防护　电压骚扰和电磁骚扰防护：GB/T 16895.10—2021 [S]. 北京：中国标准出版社，2021.

[15] 中华人民共和国住房和城乡建设部. 交流电气装置的接地设计规范：GB/T 50065—2011 [S]. 北京：中国计划出版社，2012.

[16] 中华人民共和国国家质量监督检验检疫总局，中国国家标准化管理委员会. 低压电气装置　第 5－52 部分：电气设备的选择和安装　布线系统：GB/T 16895.6—2014[S]. 北京：中国标准出版社，2015.

[17] 中华人民共和国国家质量监督检验检疫总局，中国国家标准化管理委员会. 低压电气装置　第 5－54 部分：电气设备的选择和安装　接地配置和保护导体：GB/T 16895.3—2017 [S]. 北京：中国标准出版社，2017.

[18] 中华人民共和国国家质量监督检验检疫总局，中国国家标准化管理委员会. 剩余电流动作保护电器（RCD）的一般要求：GB/T 6829—2017 [S]. 北京：中国标准出版社，2017.

[19] 国家市场监督管理总局，国家标准化管理委员会. 低压开关设备和控制设备　第 2 部分：断路器：GB/T 14048.2—2020 [S]. 北京：中国标准出版社，2020.

[20] 王厚余. 建筑物电气装置 600 问 [J]. 北京：中国电力出版社，2013.

[21] 中华人民共和国国家质量监督检验检疫总局，中国国家标准化管理委员会. 低压熔断器　第 1 部分：基本要求：GB 13539.1—2015 [S]. 北京：中国标准出版社，2016.

[22] 国家市场监督管理总局，国家标准化管理委员会. 电力变压器能效限定值及能效等级：GB 20052—2020 [S]. 北京：中国标准出版社，2020.

[23] 国家市场监督管理总局，国家标准化管理委员会. 低压电气装置　第 5-53 部分：电气设备的选择与安装　用于安全防护、隔离通断、控制和监测的电器：GB/T 16895.22—2022 [S]. 北京：中国标准出版社，2023.